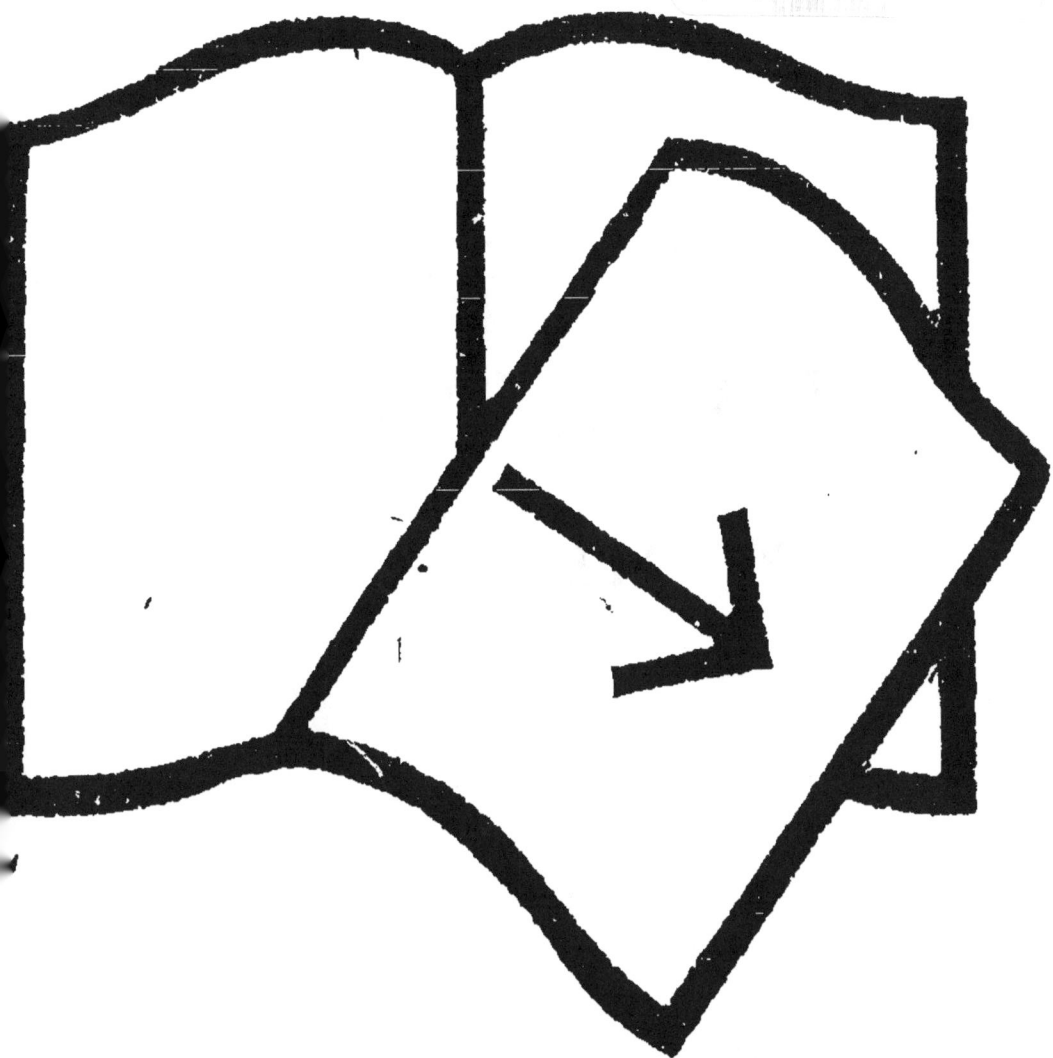

Couvertures supérieure et inférieure
manquantes

INTRODUCTION

A LA CHYMIE

DE DIDEROT

Tiré à 500 exemplaires numérotés,
sur Japon.

N° ....

INTRODUCTION

A

LA CHYMIE

Manuscrit inédit de Diderot

PUBLIÉ AVEC NOTICE SUR LES COURS DE ROUELLE

ET TARIF DES PRODUITS CHIMIQUES EN 1758

PAR

M. CHARLES HENRY

PARIS

E. DENTU, ÉDITEUR

LIBRAIRE DE LA SOCIÉTÉ DES GENS DE LETTRES

PALAIS-ROYAL, 15, 17 ET 19, GALERIE D'ORLÉANS

1887

A Monsieur Charles Richet

NOTICE PRÉLIMINAIRE

Dans son *Plan d'une Université pour le gouvernement de Russie*, écrit vers 1775 pour Catherine II, Diderot insiste beaucoup sur l'utilité de la chimie (1) : « Le chymiste Becker a dit que les physiciens n'étoient que des animaux stupides qui léchoient la surface des corps, et ce dédain n'est pas tout à fait mal fondé. Rien n'est simple dans la nature ; la chymie analyse, compose, décompose ; c'est la rivale du grand ouvrier. L'athanor du laboratoire est une image fidèle de l'athanor universel. C'est dans le laboratoire que sont contrefaits l'éclair, le tonnerre, la crystallisation des pierres précieuses et des pierres communes, la formation des métaux, et tous les phénomènes qui se passent autour de nous, sous nos pieds, au-dessus de nos têtes. Quel est l'art méchanique où la science du chymiste n'entre pas ? L'agriculteur, le métallurgiste, le médecin, l'orfèvre, le monnoyeur, etc., peuvent-ils s'en passer ? S'il

(1) Comparez *Œuvres complètes*, édition Assézat, tome III, page 463.

n'y avoit que trois sciences à apprendre, et que le choix s'en fît pour nos besoins, ils préféreroient la méchanique l'histoire naturelle et la chymie. »

Puis, passant aux livres classiques à recommander, Diderot ajoute : « Il y a des élémens de chymie sans nombre ; il y en a en françois, il y en a en allemand. Mais ce qu'il y auroit de mieux à faire, ce seroit de se procurer les cahiers de Rouelle, revus, corrigés et augmentés par son frère et le docteur Darcet, et de leur enjoindre de faire l'application des principes aux phénomènes de la nature et à la pratique des ateliers, moyens de perfectionner la physique et d'éclairer les arts méchaniques. »

Diderot aimait beaucoup Rouelle et lui consacra une très émue notice nécrologique (1). Il y avait d'ailleurs entre ces deux hommes plus d'un rapport : c'était le même désintéressement, la même bonté pour les pauvres et les déshérités, la même ardeur pour le progrès des lumières, le même emportement d'improvisation, la même richesse d'idées, la même violence de caractère, la même expérience de longs et difficiles débuts ; pour la distraction et le laisser-aller, Rouelle était sans égal. Ni de latin ni de français il ne se piquait ; peu lui importaient barbarismes et solécismes : « Sommes-nous donc ici à l'Académie du beau parlage ? » s'écriait-il, allant de l'avant dans ses démonstrations. On conçoit qu'il se soucia fort peu de publier ses cours ; cependant c'est son enseignement qui a formé Lavoisier et la grande famille des chimistes ses contemporains ; ce sont ses leçons qui

(1) *Œuvres complètes*, édition Assézat, tome VI, page 405.

ont inspiré à la société parisienne d'alors la passion de la chimie : tout le monde courait entendre le modeste pharmacien de la place Maubert ; la mode s'en mêla ; et les modes ne sont jamais indifférentes au progrès de la science.

Ces cours, Diderot les suivit pendant trois ans. M. Etienne Charavay possède un manuscrit in-folio de 614 pages, au commencement duquel on lit cette précieuse note : *Cours de chymie ou Leçons de M. Rouelle recueillies pendant les années 1754-55, et rédigées en 1756, revues et corrigées en 1757 et 58 par M. Diderot. (Copié sur l'original écrit de la propre main de Diderot.)* C'est un précis, nécessairement un peu sec, mais qui témoigne d'un énorme travail, d'une incontestable compétence et d'une vraie passion pour le professeur (1).

La Bibliothèque Nationale possède une autre copie, destinée à une duchesse, qui présente, comme le manuscrit que je viens de citer, en deux gros volumes petit in-folio de 985 pages, le recueil des leçons de 1754 et de 1755, rédigé en 1756, revu et corrigé en 1757 et 1758. C'est le travail de Diderot, très développé par un anonyme; on ne saurait admettre, en effet, que Diderot ait consacré 985 pages in-folio à un ouvrage qui venait de lui en coûter 614 ; d'ailleurs, il n'y a aucune trace de son style en cette rédaction.

M. Hœfer avait en sa possession deux cahiers du cours de Rouelle (2), dont M. Grimaux semble avoir fait l'ac-

(1) C'est à M. Maurice Tourneux que je dois de connaître l'existence de ce manuscrit.

(2) *Histoire de la Chimie,* tome II, page 389.

quisition, il en signale d'autres chez Darcet qu'il serait
sans doute intéressant de retrouver et d'étudier. En
attendant, dans le catalogue des manuscrits de la bibliothèque de Bordeaux, dont le tome Ier a été publié par
M. Jules Delpit en 1880, j'ai rencontré un élément très
important de la question. C'est, sous le no 564, un manuscrit intitulé :

COURS DE CHYMIE DE M. ROUELLE RÉDIGÉ PAR M. DIDEROT ET ÉCLAIRCI PAR PLUSIEURS NOTES.

Le catalogue ajoute que le manuscrit est écrit de la
main de François Latapie de Paule en 1769.

En effet, tome I, on lit en bas du frontispice : *Latapie
delineav.* 1769. Ce Latapie n'est pas un inconnu. François
Latapie de Paule fut membre de l'Académie de Bordeaux avant la Révolution, professeur de botanique pendant la Révolution, puis professeur et directeur de
l'école centrale de la Gironde ; cette date de 1769 est
sans doute la date de la copie du *Cours de Chymie* qu'il
a écrite tout entière de sa main : il le déclare dans un
catalogue de ses livres d'histoire naturelle conservé à la
bibliothèque de la ville. Toutefois les notes consignées
sur les feuillets interfoliés sont postérieures : elles ont été
rédigées de 1772 à 1778 et, sans doute, plus tard. En voici
des preuves au hasard.

Tome II, en face de la page 155 : « M. Rouelle le jeune
nous a montré de la *canelle* d'une espèce supérieure à la
canelle ordinaire du commerce, et qui commence à être
en usage depuis sept ou huit ans (en 1772). »

Tome VI, en face de la page 839 : « Il nous a dit son secret [M. Rouelle le cadet] (cette année 1773). »

Tome VIII, en face de la page 1064 : « Le sieur Bibe-rel, chaudronnier de Beauvais en Picardie, vient de décou-vrir (en novembre 1777) un nouveau procédé ponr étamer le cuivre. »

Tome VII, en face la page 1004, un antidote contre le vitriol blanc est extrait de *l'Esprit des Journaux*, juil-let 1778.

Les notes sont de Latapie. Tome II, en face de la page 222, on lit : « Nous avons une sorte de résine *à Bordeaux* qu'on appelle *galipot* et qui découle des arbres par inci-sion ainsi qu'en Provence. » C'est un homme qui a voyagé, fort érudit, très intelligent, qui critique souvent avec finesse les cours de Rouelle et les complète.

Voici quelques renseignements qui me paraissent inédits :

Tome III, en face de la page 379, sur l'eau spiritueuse de lavande : « Ce fut M. le comte de Caylus qui, charmé de l'odeur douce de l'eau de lavande des dames de Fres-nel, engagea feu M. R. à faire des essais pour découvrir leur secret. Il y a apparence qu'il y est parvenu, puis-qu'il a enlevé toute cette odeur de térébenthine qui reste à l'eau de lavande ordinaire après qu'on s'en est frotté les mains. Voici en quoi consiste ce secret : sur 9 de fleurs de lavande jettez demi-livre de romarin et distillez. » Je citerai encore cette remarquable réflexion (tome IV, page 513) : « La chymie connoît-elle encore les loix infinies des combinaisons et des altérations des substances ? Savons-nous en dernière analyse ce que c'est que la terre, l'eau, le phlogistique ? » Et celle-ci (tome IV, page 514) : « ...Cette terre, ces chaux, qui présentent des qualités si différentes, sont-ce véritablement des

êtres simples ? ils ne le sont que relativement à la
force des agents que nous employons. Avant les belles
expériences de Newton, qui n'eût pas soupçonné l'ho-
mogénéité dans un rayon de lumière ? » Ses additions
sont inspirées surtout par les cours de Rouelle le
jeune, qu'il cite presque à chaque page, et dont il a été
l'auditeur assidu ; il mentionne aussi les cahiers de
Darcet.

Quelle est la part de Diderot dans ce *Cours de Chymie ?* Il l'aurait rédigé tout entier, s'il en faut croire
le titre ; mais il y a là une exagération ; et en même
temps ce n'est pas assez lui rendre justice, comme nous
allons voir.

Les manuscrits de Bordeaux diffèrent des manuscrits
de la Bibliothèque Nationale : 1° par les prolégomènes
(la matière du premier volume) *rédigés tout différem-
ment et supérieurement* ; 2° par un assez grand nombre
d'interpolations dans le texte renfermées entre deux
crochets ; 3° par les notes des feuillets interfoliés ;
4° dans le tome VII il y a plus de développements sur la
dissolution du zinc dans l'acide nitreux, et dans le
tome VIII plus de développements sur la calcination du
fer par le soufre ; 5° après le tome VI il y a une grande
lacune, sans doute la matière d'un tome disparu sur les
pierres et les terres. Ces différences établies et le premier volume réservé, les tomes II-IX ne diffèrent du
manuscrit de Paris que par le changement perpétuel de
« je dis », « je fais », etc., en « M. Rouelle dit »,
« M. Rouelle fait », etc.

Ces différences sont l'œuvre de Rouelle le cadet et de
Darcet.

Examinons les notes de Latapie. Il suffit de les parcourir pour y rencontrer à chaque page importante les noms de Rouelle le cadet et de Darcet. Je cite au hasard :

Tome II, en face de la page 176 : *M. Rouelle le cadet a voulu éprouver s'il seroit possible d'épuiser les cendres de leur alkali par 60 lotions et évaporations successives...* Tome II, page 177 : *M. Rouelle le cadet prétend que cette terre n'est point calcaire ni absorbante, mais fondante et vitrescible* (il s'agit du résidu de la calcination d'une plante), etc. Et tome V, page 561 : *M. Darcet a démontré que les terres et pierres calcaires sont très fusibles...* Tome V, page 564 : *M. Darcet ayant renouvellé les expériences de Florence a trouvé que le diamant se détruisoit au feu,* etc. Ces citations fréquentes des cours de Rouelle le cadet et des cahiers de Darcet constatées dans les notes du chimiste bordelais, sont une première probabilité en faveur de l'hypothèse qui nous leur fait attribuer les différences entre les manuscrits de Paris et de Bordeaux. Rouelle le cadet, qui succéda à Rouelle l'aîné dans la chaire du Jardin des Plantes, ne pouvait manquer de communiquer à ses auditeurs le cours de son frère, modifié suivant ses vues personnelles. N'est-il pas naturel que Diderot recommandât à l'impératrice Catherine un cours qu'il connaissait si bien ? Mais voici que le cadet est cité lui-même dans le cours du texte. Nous lisons dans le tome VI, page 839, du manuscrit de Bordeaux : « L'alkali volatil qu'on retire du sel ammoniac par l'intermède de la chaux vive a des propriétés singulières. Il ne prend jamais la forme concrète et on l'a toujours en liqueur. M. Rouelle le cadet prétend être le maître de ce sel sous forme concrète ou fluide à sa volonté. » Cette dernière phrase manque dans le manuscrit de la Bibliothèque Nationale : nouvel indice que nous sommes bien en présence des « cahiers de Rouelle, revus, corrigés et augmentés par son frère et le docteur Darcet », que Diderot recommande à Catherine pour ses Universités.

Diderot a-t-il tenu dans les interpolations de ces neuf volumes la plume de Rouelle le cadet et de Darcet ? C'est possible. En tout cas, il a été plus que simple rédacteur dans les prolégomènes du nouveau cours.

Il faut se souvenir d'abord que Rouelle n'était pas le moins du monde érudit : de plus, les notes prises par Diderot à ses cours de 1754 et de 1755, et qui constituent le manuscrit de M. Charavay, sont presque nulles au point de vue historique : très incomplète encore est l'introduction historique du cours de la Bibliothèque Nationale. On est ainsi conduit à attribuer une très grande part à Diderot dans l'élaboration de la partie historique et à considérer tous les cahiers de cours postérieurs à 1757 et à 1758 comme ayant directement ou indirectement mis à contribution son travail. Dans les généralités qui terminent ces prolégomènes, il est encore plus lui-même, s'il est possible. Je ne dis rien de cette remarque au moins déplacée dans un cours de chimie : « moins de prières et plus d'argent, voilà le but des ministres de l'Église », qui est bien de l'auteur des *Éleuthéromanes* ; mais on me permettra d'attirer l'attention sur les lignes consacrées aux vitraux des églises gothiques : ce sont en des termes plus vifs les idées qu'il exprime à Grimm dans son *Essai sur la Peinture* : « Il ne s'agit point ici, mon ami, d'examiner le caractère des différens ordres d'architecture, encore moins de balancer les avantages de l'architecture grecque et romaine avec les prérogatives de l'architecture gothique, de vous montrer celle-ci étendant l'espace au dedans par la hauteur des voûtes et la légèreté de ses colonnes, détruisant au dehors l'imposant de la masse par la multitude et le mauvais goût des ornemens, de faire valoir l'analogie de l'obscurité des vitraux colorés avec la nature incompréhensible de l'être adoré et les idées sombres de l'adorateur... »

Ces préjugés, que tout le XVIII⁰ siècle partageait, n'empêcheront pas le lecteur de rendre hommage à l'esprit scientifique de ce morceau inédit, d'une incomplète érudition pour nous, mais qui appartient en somme au cours de chimie le plus célèbre de l'autre siècle, à celui qui a éduqué la génération des chimistes rénovateurs de la science. Jamais aucun génie n'a été précurseur dans tout le domaine de l'esprit ; peu l'ont été autant que Diderot.

En résumé, le manuscrit de Bordeaux renferme :

1º La rédaction du cours de Rouelle l'aîné, — rédaction qui se retrouve dans les manuscrits de la Bibliothèque Nationale et qui a été faite par un anonyme, sans doute, sur des notes prises par Diderot et consignées dans le manuscrit de M. Charavay ;

2º Des additions de Rouelle le cadet et de Darcet ;

3º Des additions de Diderot, sensibles surtout dans les prolégomènes publiés ci-après.

4º Des notes interfoliées de Latapie, un savant bordelais qu'il ne serait pas sans intérêt de remettre en lumière.   CHARLES - HENRY.

INTRODUCTION

A

LA CHYMIE

PAR DIDEROT

« Non enim aliunde animo venit robur
quam a bonis artibus, quam a contem-
platione naturæ. »

(Senec., *Nat. quæst.*, lib. VI.)

La *Chymie* considérée dans toute son étendue
et restrainte à ses vraies limites est une science
qui s'occupe des séparations et des unions des
principes constituans des corps, soit qu'elles
soient opérées par la Nature ou qu'elles soient
les résultats des procédés de l'Art, dans la vue de
découvrir les propriétés et les usages de ces
corps. *Combiner* et *décomposer*, voilà où se

réduit tout l'art du chymiste. La synthèse et l'analyse sont les deux opérations générales et fondamentales de la chymie.

Les auteurs étymologistes sont peu d'accord sur l'origine du mot *chymie.* Les uns le dérivent du mot grec Χυμό; qui signifie *suc,* se fondant sur la décomposition que la chymie fait des corps, sur l'examen qu'elle fait de leurs parties constituantes, et, pour ainsi dire, de leurs sucs; les autres le tirent d'un mot arabe qui signifie *caché.* Zozyme Panopolite prétend que la chymie a été apprise aux hommes par les Génies, enfans de Dieu, qu'un amour criminel fit allier aux femmes, et que ses secrets furent écrits dans un livre appelé χεμα, d'où est venu le nom de chymie. Mais l'étymologie la plus naturelle de ce mot est celle qui le dérive du nom *Chemia,* que l'Égypte, qui en a été le berceau, portoit, ou *Chamia,* terre de *Cham* ou *Chemi,* comme l'appellent encore aujourd'hui les Cophtes, suivant la remarque de Bochard.

Le nom de chymie n'a pas toujours été donné

à cette science : elle a été longtems cachée sous les noms imposants et vagues d'*art par excellence*, d'*art grand et sacré*, d'*art divin*, d'*art hermétique*, de son prétendu inventeur Hermès. On l'a aussi nommée *pyrotechnie*, art du feu, parce que le feu est un ,des principaux instrumens des opérations chymiques. On lui a aussi donné le nom de *spagirie*, formé de deux mots grecs, σπαῶ et ἀγείρω, qui signifient *joindre* et *séparer*, ce qui comprend toutes les opérations chymiques.

Paracelse lui a donné le nom d'*art hyssopique*, partant de l'idée que la chymie s'occupoit à donner la pureté qu'il croyoit manquer aux métaux. Julius Maternus Firmicus, qui écrivoit au commencement du IVᵉ siècle, est le premier qui ait employé le mot *chymie*. Les Arabes lui ont ajouté l'article *al* et en ont fait *alchymie*, ce qui signifie proprement l'art ou la chymie par excellence. Mais on a bientôt laissé ce nom à la partie de la chymie qui s'occupe de la transmutation des métaux, et l'on a donné le nom d'*alchymistes*, d'*adeptes*, de *philosophes her-métiques*, qu'on avoit pris en mauvaise part, à ceux d'entre les chymistes qui travailloient à la pierre philosophale, qui devoit opérer la trans-mutation, suivant leurs vues.

L'antiquité de la chymie et son origine ont été l'objet des travaux, des discussions, des disputes et des rêveries d'un grand nombre d'écrivains chymistes. Il n'est aucune sorte de monument qui ait échappé au zèle infatigable et aux recherches curieuses de ceux qui se sont crus intéressés à soutenir l'ancienneté de leur art. Ils ont fouillé dans tous les recoins de l'histoire sacrée et pro-phane et dans les tems fabuleux, pour y trouver le détail de quelque opération chymique ; et comme dans les choses extrêmement obscures chacun trouve ce qu'il y cherche, les chymistes ont découvert des procédés où les théologiens voioient des mystères ou des cérémonies reli-gieuses, où le moraliste apercevoit une allégorie instructive, où d'autres trouvoient des détails physiques.

De tous les auteurs qui ont écrit en faveur de l'antiquité de la chymie, nul ne s'est montré plus profond et plus érudit que Olaus Borrichius. Il s'est battu avec un zèle incroyable contre l'incré-dule Conringius, auquel il étoit bien supérieur, sinon *en bonnes raisons pour étayer ses idées,* du moins en vraies connoissances chymiques. Il a d'abord trouvé dans le IV⁰ livre de la Genèse Tubalcain, qui étoit *malleator et faber in cuncta genera æris et ferri,* qui fit plusieurs ouvrages et des instrumens de musique avec ces métaux ; d'où il suit qu'il savoit exploiter les mines et qu'il étoit non seulement forgeron, mais habile métallurgiste. Le travail des mines de cuivre, qui est très-délicat, suppose une grande connois-sance de cette partie de chymie. Borrichius trouve encore d'autres témoignages en faveur de la chymie antédiluvienne sur les colonnes qui échappèrent au déluge et sur lesquelles étoit écrite, suivant lui, toute la chymie en caractères hiéroglyphiques. Tous les auteurs ne convien-nent pas de la réalité de ces colonnes et ne croient pas qu'elles eussent pu résister aux eaux du déluge. Borrichius prouve la possibilité de ce fait par l'exemple des fameuses colonnes de Seth dont l'une restoit encore debout dans la terre de Serriad au tems de Joseph qui en fait mention.

Le même auteur, ainsi que Robert Duval (Vallensis), Maierus, Fabre de Castelnaudari, médecin à Montpellier, Blaise Vigenere, etc., ont cru que toutes les fables anciennes n'étoient que des allégories du grand œuvre et par conséquent des preuves incontestables de l'antiquité de la chymie. C'est une chose curieuse que les succès singuliers avec lesquels ils ont quelquefois détourné le sens vers leur objet. La Toison d'or, par exemple, leur a paru simplement un livre écrit sur des peaux où l'on enseignoit le moyen de faire de l'or. Saturne qui dévore ses enfants à mesure qu'ils naissent, excepté le Roi et la Reine (Jupiter et Junon), présente à leurs yeux l'image du plomb qui détruit tous les métaux excepté l'or et l'argent. La métamorphose de Jupiter en pluie d'or, la faculté que Midas avoit de convertir tout ce qu'il touchoit en or, leur paroissent aussi des images très-naturelles de la pierre philosophale, et dans toutes les autres fables ils trouvent avec la même facilité un grand nombre des procédés chymiques. On peut consulter *Maieri arcana omnium arcanissima; fabri Hasteln Panchymicum*, et son *Alchymista Christianus.*

Cette manie de voir la chymie dans tous les hiéroglyphes ne s'est pas épuisée sur les fables grecques, égyptiennes et phœniciennes : elle s'est jetée sur les ouvrages obscurs, allégoriques de l'Ancien et du Nouveau Testament, comme le Cantique des Cantiques et l'Apocalypse. Il y en a même qui ont cru trouver dans l'Évangile un procédé bien raisonné de la pierre philosophale. Le style figuré des Orientaux a pu prêter facilement à des imaginations échauffées,

En passant à des tems plus connus et consultant des ouvrages plus positifs, on trouve des témoignages moins équivoques en faveur de l'antiquité de la chymie. On voit des artifices qu'a éclairés ou pu éclairer la chymie, des arts qui

sont de son ressort aujourd'hui, mais qui peut-
être n'en ont pas toujours été. Les monumens
historiques les plus anciens parlent de la métallurgie. Les chroniques des mines d'Allemagne en
font remonter les travaux jusqu'aux tems fabuleux. Les mines du pays du Nord paroissent
encore plus anciennes, si l'on en juge par l'idiome
de l'art dont les mots, employés aujourd'hui par
les métallurgistes allemands, sont tirés des plus
anciennes langues du Nord.. Il étoit naturel,
suivant la remarque de M. de Montesquieu, que
ces peuples habitant des contrées peu propres à
l'agriculture se tournassent du côté des mines.
Les remèdes métalliques ont été employés dans
la plus ancienne médecine, comme on le voit
par les écrits d'Hippocrate, de Dioscoride, de
Pline, etc.; il y a même des passages d'Hippocrate qui paroissent annoncer beaucoup de connoissances chymiques. Takenius, excellent chymiste, les a ramassés dans son *Hippocrates Chy-
micus* et en a tiré les principaux axiomes de cet
art et un grand nombre d'opérations. Dioscoride

paroît connoistre la distillation en préparant le *piccoleum*, et les affinités des corps en revivifiant le Mercure du cinnabre sur une capsule de fer qui servoit d'intermede ; on trouve aussi, chez les Grecs, dans Orphée, Homère, Hésiode, Platon, Pindare, Sappho, etc., des vestiges de chymie ou d'art chymique. Borrichius regarde Platon comme un grand chymiste parce qu'il voit dans ses écrits le grand principe de l'art : *Concors concordi adhæret, discordia rebellant. Les semblables s'approchent toujours de leurs semblables.* Les termes de sympathie et d'antipathie si souvent emploiés par les anciens lui paroissent être les vrais mots techniques de la chymie et indiquer cette science dans ceux qui s'en servoient. La base de l'art se trouve encore, suivant lui, dans cette autre sentence rapportée par Démocrite sur le sanctuaire de Memphis où elle étoit gravée : ἡ φύσις τῇ φυσε ιτ ἔρπεται, *la Nature aime la Nature;* ἡ φύσις τὴ νφύσ ἱν νικῶ, *la Nature surmonte la Nature;* ἡ φύσις τὴν φύσιν κράτει, *la Nature commande la Nature.* Cet auteur passe pour un des chymistes anciens les plus instruits ; on dit qu'il a su ramollir l'ivoire, changer les pierres en émeraudes. Diodore de Sicile et Michel parlent des ouvrages qu'il a composés sur la teinture du soleil et de la lune, sur les pierres précieuses et sur la pourpre. Sénèque rapporte qu'il est le premier qui ait fait un pont et aussi suivant d'autres un livre ; mais il avoit puisé toutes ces sciences chez les Égyptiens où il étoit resté longtems et où l'on croit qu'il fut initié aux mystères d'Osiris par le grand Osthenes. C'est aussi de ces peuples que Galien avoüe avoir appris la composition des remèdes métalliques, tels que l'écaille de cuivre rouge, la rouille, l'alun, la térébenthine et leurs usages dans les blessures.

La *Zymotechnie panaire et vinaire* ou les arts de faire du pain avec de la pâte levée, et de mettre en fermentation les sucs doux et surtout ceux des raisins, remontent jusqu'aux tems qui suivent immédiatement le déluge. L'art d'en tirer les esprits est moins ancien, de même que d'en préparer avec les substances farineuses ou de faire de la bière. L'art des embaumemens, qui est certainement très-chymique, existe chez les Egyptiens dès l'antiquité la plus reculée. Diodore de Sicile parle de leurs mines. Les arts de la teinture, de la verrerie, celui de préparer les couleurs pour la peinture, et même d'en composer d'artificielles, telles que le bleu d'Égypte factice dont parle Théophraste, sont très-anciens. Il en est de même de la connoissance des mordans. (Voyez à ce sujet un passage de Pline, lib. XXXV, cap. II.) Cet art paroît être celui de nos manufactures de toiles peintes. Il y a lieu de penser qu'ils se servoient pour cela de toiles de coton qui prennent mieux les couleurs et sont d'une blancheur plus éclatante que celles de fil ; sans doute que leur *linum* étoit notré *coton*. Le voile du temple de Jérusalem paroît avoir été de coton et préparé avec cette méthode. Suivant le même auteur, les Égyptiens connoissoient l'émail qui est un verre fondu opaque, fait avec des chaux métalliques, et ils l'appliquoient sur des ouvrages d'or et d'argent. Ils possédoient aussi l'art de

peindre le verre ou d'appliquer sur lui des couleurs transparentes, art qu'il n'est pas impossible
de retrouver (Pline, lib. XXXIII, cap. 11). Ils
savoient, suivant le même écrivain, colorer le
crystal et imiter les pierres précieuses; ils avoient
en conséquence des émeraudes hautes de plusieurs
coudées chacune : les émeraudes naturelles les
plus considérables ont la grosseur du bout du
doigt : telle est celle de la couronne. Nery et
Mérret, son commentateur et traducteur, parlent
de cet art. Kunckel a inutilement essayé d'y
parvenir. M. Pott dit avoir vu un de ces coureurs
charlatans qui avoit ce secret. Le grand art est
d'empêcher le verre de casser dans le refroisse-
ment. La manière d'amalgamer les métaux est
d'une antiquité plus reculée. Pline et Vitruve
rapportent qu'on s'en servoit pour retirer l'or et
l'argent des vieux habits, et qu'on séparoit le
mercure de l'or en l'exprimant à travers un drap.
Il est aussi fait mention, dans les plus anciens
auteurs, d'opérations halotechniques. Aristote
dit que l'extraction des sels des cendres est en

usage parmi les paysans de l'Ombrie, et Varron rapporte la même choses de certains peuples des bords du Rhin. Pline parle d'un verre malléable offert à Néron.

Tous ces arts sont évidemment chymiques ; ils supposent, il est vrai, une connoissance exacte du manuel de ces opérations ; mais ils ne prouvent pas qu'on soit guidé en les faisant par aucune vue scientifique, ou qu'on ait pensé à autre chose qu'aux besoins de la vie ou aux commodités du luxe.

La science n'a dû se former que longtems après, lorsqu'on a pu apercevoir une chaîne commune qui lioit ces différens arts, et remonter jusqu'aux principes féconds qui éclairoient sur leur correspondance. Le premier pas qu'ait fait la chymie devenue science a été dans les recherches de la pierre philosophale ; alors l'alchymiste ou l'adepte a fait des opérations particulières, a connu des nouveaux résultats avec des aitiologies. Ainsi, les premiers chymistes ont été alchymistes, et la chymie n'a pris forme de science

que dans leurs écrits où elle s'occupe de la trans-
mutation des métaux.

On s'accorde assez communément à regarder
l'Égypte, la mère commune de toutes les sciences,
comme le berceau de la chymie ou alchymie, et
les hiérophantes ou prêtres de la nation comme
les premiers chymistes. Nous avons vu que ces
peuples étoient ceux qui possédoient le plus de
secrets chymiques, que les Grecs avoient tiré d'eux
toutes leurs connoissances et leurs axiomes chymiques. La manière dont on a écrit sur la chymie
est entièrement dans le goût égyptien; c'est une
diction tout à fait étrangère et éloignée du tour
ordinaire, un stile énigmatique et annonçant par-
tout des mystères sacrés ; ce sont des caractères
hiéroglyphiques, des images bizarres, des signes
ignorés et une façon de dogmatiser entièrement
occulte : or nous trouvons tous ces caractères
dans la nation égyptienne. Ces peuples étoient
par leur religion portés à cacher et à envelopper
leur science sous le voile des emblèmes : c'est de
là qu'ils ont passé dans les ouvrages des chymistes.

Les prêtres fesoient punir de mort ceux qui révéloient ces secrets. Suivant Cicéron et Origène, ils voiloient leurs connoissances sous les noms des Dieux de la patrie. Leur religion n'étoit qu'une allégorie que le peuple ignorant, grossier et crédule à son ordinaire prenoit pour des réalités. Les noms communs aux sept métaux et aux sept planettes sont de leur invention, de même que les signes par lesquelles les uns et les autres sont désignés.

L'usage des anciens auteurs de chymie d'apostropher le lecteur comme son propre enfant, *fili mi*, est une suite de l'usage égyptien fondé sur ce que les sciences ne se transmettoient que des pères aux enfans. Les écrivains les plus anciens que nous ayons sur la chymie sont originaires d'Égypte, tel que Zozime de Chemnis ou Panopolitain, Dioscorus, Comarius, Olympiodore, Synesius. — Démocrite d'Abdère, qu'on range parmi les premiers chymistes, avoit puisé ses connoissances chez les Égyptiens ; mais le premier auteur et le fondateur de la chymie est ce fameux Hermès

Trismégiste que toutes les sciences revendiquent
toujours et qui vraisemblablement n'appartient à
aucune. Les antiquaires ne sont pas d'accord entre
eux ni sur le tems où il vivoit, ni sur sa personne ;
on lui a donné plusieurs noms chez les différens
peuples ; on a mis sous son nom *la Fable d'éme-
raude*, l'*Asclepius*, le *Parmander*, le *Minerva
mundi*, l'*Intromathematica*, les sept chapitres de
lapidis philosophici ou physici secreto imprimés
dans le *Theatrum chymicum* ; mais il est très-
décidé que tous ces traités ont été forgés dans les
premiers siècles du christianisme, de même qu'un
grand nombre d'autres qu'on attribue à des auteurs
très-anciens. Ainsi l'adoption générale d'Hermès
pour inventeur et le père de la chymie est tout
à fait gratuite. Son existence est un fait très-
douteux.

Ceux qu'on peut soupçonner d'avoir réelle-
composé les ouvrages qui portent leurs noms,
tels que Synesius, Héliodore, auteur du roman
de *Théagènes et Chariclée*, où l'on trouve une
description du grand œuvre, Johannes Sum-

mus, Zozime Panopolitanus, etc., dont les dissertations sont rassemblées par Olympiodore, n'ont pas existé avant les premiers siècles de l'Église, et même avant Constantin le Grand. Ils ne parlent tous que de l'alchymie la plus transcendante.

Au commencement du ive siècle, *Maternus Firmicus* fait une mention expresse de la chymie sous son nom connu, comme d'une chose déjà connue (lib. III, *Matheseos*) ; ce qu'il dit de cette science n'est presque que traduit des Égyptiens. Il distingue très-bien les chymistes d'avec ceux qui travaillent les métaux. *Celui qui naît sous Saturne possèdera,* dit-il, *le secret de la chymie ; si la dixième partie du Scorpion se trouve dans l'horoscope,* il fera des bijoutiers, doreurs, orphèvres (lib. VII, cap. xxviii). Sur la fin du même siècle, Æneas Gozellus écrivoit : *et jam apud nos qui materiæ peritiam habent argentum et stannum capiunt ac priori specie abolita in angustius ac pretiosius convertunt, aurumque pulcherrimum conficiunt.* Ceci prouve au moins le travail et les prétentions des chymistes, s'il n'en constate pas bien les secrets ; il fait voir que la chymie ou l'alchymie étoit cultivée depuis quelque tems. Conringius, l'ennemi le plus déclaré de toutes les antiquités chymiques, ne peut disconvenir que cet art n'ait existé avant le IVe siècle, qu'il y a quelques ouvrages qui paroissent avoir été écrits dans le Ve, et que les Grecs cultivèrent ensuite la chymie pendant quelques siècles, jusqu'à la prise de Constantinople, après lequel tems les lettres et les arts passèrent en Europe.

C'est cependant chez eux que s'est encore instruit *Gheber*, surnommé l'*Arabe* ou le *Maure*, parce qu'il a écrit en arabe, car il étoit Grec ou Persan et, selon quelques-uns, roy. Il étoit né chrétien, et il se fit ensuite mahométan, selon Jean l'Africain. Il porta la chymie chez les Arabes dans le VIIIe siècle. On doit le regarder comme le père de la chymie écrite, le premier auteur ou le premier collecteur des dogmes chymiques, le premier en un mot qui ait rédigé

en corps de doctrine ce qu'on savoit avant lui.
Il dirigeoit tous ses travaux à une fin alchymique;
mais il n'en a pas été moins positif, très-exact et
très-méthodique dans les opérations fondamentales. Il les a accompagnées de réflexions judicieuses sur leurs effets et sur leurs usages immé-
diats. C'est à lui que commence la chymie philosophique ou raisonnée qui a fait peu de progrès
depuis lui jusqu'à Hollandus et BasileValentin;
il ne connoissoit pas les acides minéraux; ce que
nous avons de lui passe pour n'être qu'une très-
petite partie de ses ouvrages.

Les Arabes ont cultivé la chymie après Gheber.
On trouve des traces de connoissances chymiques dans les ouvrages traduits en latin et imprimés de leurs médecins, de Rhazès, d'Avicenne,
de Bulcharim, de Meroc, de Rabbi Moïse, d'A-
verrohès, d'Hali Abbas, d'Alsaravius et dans
quelques manuscrits à peu près du même tems
dont Robert Duval donne la liste. Ces médecins
se sont particulièrement appliqués à tirer des
secours de la chymie pour l'usage de la méde-

cine. Ils passent aussi pour les fondateurs de la chymie pharmaceutique. *Avicenne* avoit aussi écrit un livre sur l'alchymie que nous n'avons point. Il y a eu aussi quelques alchymistes de la même nation, tels que *Lalid Mories*, dit le Romain, etc. Mais la vraie chymie raisonnée, analytique, n'a fait aucun progrès depuis Gheber, qu'on n'a pas même copié.

Vers le commencement du XIIIe siècle, la chymie pénétra enfin en Europe, soit par le commerce que les croisades avoient occasionné entre les Orientaux et les Européens, soit par les traductions que l'empereur Frédéric II fit faire des livres arabes. Elle fut avidement reçue par le petit nombre de savans qui existoient alors comme une chose nouvelle et qui en promettoit de grandes, les richesses et la santé. *Albert le Grand* et *Roger Bacon*, tous deux moines, le premier dominicain, et le second cordelier, se sont le plus distingués de ces premiers sectateurs. Ces deux hommes appartiennent à toutes les sciences et surtout Roger Bacon. Ils avoient l'un et l'autre

un génie vif, hardi et entreprenant. Ils sont célèbres par des connoissances très-étendues, par
beaucoup d'erreurs et par des découvertes précieuses. *Albert* a écrit *de la Nature des minéraux,*
en homme qui connoissoit bien son sujet et qui
avoit emploié pour le connoistre les moyens chymiques les plus propres à ce but ; il avoit lu les
ouvrages des alchymistes et croioit qu'ils étoient
propres à répandre du jour sur la physique des
minéraux. On lui a attribué un ouvrage sur l'alchymie, imprimé dans le *Theatrum chymicum,*
deux volumes ; mais cet ouvrage n'est pas plus
de lui que les secrets du petit Albert.

Roger Bacon naquit en 1214. Il mit Aristote à
l'écart pour étudier la nature par voie d'expérience, ne se laissant asserver à aucune autorité.
Il fit des découvertes surprenantes dans l'astro-
nomie, la méchanique, l'optique, la chymie et la
médecine. Il y a décrit exactement les lunettes,
la chambre obscure, les télescopes, les miroirs
ardens, les réflexions de la lumière, les feux
d'artifices : il a fait des pétards, des fusées

volantes et paroît par là avoir connu la poudre à
canon.

Avec tant de connoissances, il falloit qu'on
le regardât comme un sorcier ou comme un
saint. Les grands hommes étant peu soupçonnés
de sainteté, on se détermina à le regarder comme
instruit dans la magie. Cet homme, digne d'un
siècle plus éclairé, fut chassé par l'ignorance et
la barbarie du couvent de Paris ; il se réfugia en
Angleterre, où l'on prétend qu'il fut brûlé, ce
que les Anglois nient. Il a écrit *de nullitate magiæ*,
de potestate artis et naturæ, et dans son apolo-
gie à Nicolas V, il proposoit la réformation du
calendrier, qu'on a exécutée plus de trois cents
ans après lui, sur son plan. Il a écrit sur les
moyens de s'opposer à l'Antéchrist. Il croioit qu'il
viendroit par les Portes caspiennes dont il a
donné une description très exacte. Il y a dans son
Opus magnum des traités sur la *Pierre philoso-*
phale, sur *l'Art de conserver la santé et de retarder*
la vieillesse. Il ne reconnoissoit d'autre remède
que la médecine universelle ; il admettoit dans

les corps deux principes, le souphre et le mercure : en quoi il a été suivi par Raimond Lulle.

A peu près dans le même tems parut en France *Arnaud de Villeneuve*, professeur dans l'Université de médecine de Montpellier, né au commencement du xiiie siècle, à Villeneuve, petite ville du Languedoc, vis-à-vis Avignon, sur le Rhône, où Borrichius prétend avoir vu un baron de Montpesat, descendant de ce chymiste, qui lui donna des preuves de son habileté héréditaire en chymie. Arnaud de Villeneuve fut médecin de Jacques II, roy d'Arragon. C'est là qu'il a eu l'occasion d'apprendre l'arabe. Il a été appelé aussi auprès du pape Nicolas V, qu'il a guéri de sa ladrerie. Il est le premier qui ait parlé de la distillation et de l'esprit-de-vin, non comme d'une découverte, mais comme d'une chose connue ; aussi le commerce d'eau-de-vie a commencé par la Sicile, la Calabre, d'où il a passé à Venise. *Jaddée*, Florentin, en avoit fait mention avant lui. Il a connu aussi la préparation de l'eau de la Reine d'Hongrie, qu'on disoit avoir été apporté par un ange. Il passe pour avoir eu la pierre philosophale et pour avoir convaincu par l'expérience son disciple Raimond Lulle, fort incrédule sur sa réalité.

Raimond Lulle, né dans l'île Majorque, d'une famille noble, en 1235, et mort en Afrique en 1315, est un des philosophes qui a fait le plus de bruit et dont les aventures, les mœurs et les connoissances ont le plus de singularité. On en a fait un saint, un hérétique et un martyr. Son zèle pour la religion l'aiant fait passer en Afrique, il y fut martyrisé. On lui a élevé une belle église à Majorque et en Espagne. Il y a des religieux lullistes. Il commença par faire l'amour dont il fut détourné par un cancer que sa maîtresse avoit au sein. Il se jetta de là dans la dévotion, fit un voiage à la Terre Sainte et parcourut ensuite la Bohême, l'Allemagne, l'Angleterre et la France. Il fut un des premiers qui prêcha les croisades, et pour y engager Édouard III, roy d'Angleterre, qu'il avoit connu par le moyen de l'abbé Crammer, son ami, il offrit de faire les frais du voyage. Pour cela, il transmua du plomb et du mercure en or. Le Roy aiant reçu cet or, manqua à sa parole, et fit la guerre aux François, ce qui indigna le zélé chymiste. Il cria et se plaignit de telle sorte qu'Édouard le fit mettre en prison. On battit avec son or une médaille et des monnoies qui avoient d'un côté Jésus, et de l'autre, une rose avec cette légende : *Transiit autem Jesus in medio eorum.* Il a fait un grand nombre d'ouvrages sur différentes sciences. On lui a attribué plus de 60 traités chymiques, sans compter ceux qui sont perdus ou ensevelis dans quelques bibliothèques espagnoles, et qu'on a lieu de regretter beaucoup à en juger par ceux qui restent, qui décèlent beaucoup de connoissances chymiques. Ils contiennent des faits, des analyses exécutées avec les menstrues tirés des végétaux, et des matériaux précieux pour l'établissement de la Théorie, surtout son *Testamentum novissimum Carolo Regi dicatum* et ses *Experimenta.*

Basile Valentin a vécu sur la fin du XIVe siècle et au commencement du XVe; il est communément regardé comme un moine bénédictin de l'Abbaie d'Erfurt dans l'Electorat de Maïence. Quelques auteurs ont cru que son nom étoit supposé et qu'il avoit servi à cacher quelque chymiste. *Basile* est le mot grec βασιλεύς, roy, et *Valentin*, du mot latin *valens*, bien portant; il y fait lui-même allusion dans sa résurrection allégorique. Quoi qu'il en soit, le chymiste qui portoit ce nom paroît très-versé dans cet art, connoissant très-bien le manuel des opérations et se dirigeant dans la pratique par une méthode raisonnée. La plupart des procédés connus sur l'antimoine sont décrits dans son *Cursus triomphalis antimonii*, traité excellent, traduit et commenté par Kerkringius, Hollandois, et Fabre, médecin de Montpellier. On prétend que ce traité n'est qu'un emblème du grand œuvre. Cet auteur passe pour être l'inventeur des trois principes chymiques; mais on ne sait pas jusqu'à quel point il partage cette découverte avec les Hollandus.

Isaac et Jean Isaac Hollandus ou *le Hollandois* que quelques-uns croient n'être qu'un seul homme, tandis que d'autres distinguent le père et le fils, natifs de Stolck, petite ville de Hollande, contemporains de Basile Valentin, ont été des artistes célèbres et des écrivains élégans, quoique diffus. Ils ont écrit sur l'émail, sur les végétaux, sur l'esprit-de-vin, sur la pierre philosophale ; ils ont emploié les premiers la réverbération de la flamme en traitant les métaux ; ils admettoient trois principes : le sel, le souphre et le mercure, comme Basile Valentin. Ces principes passent cependant sous le nom de Paracelse.

Philippe-Auréole-Théophraste-Paracelse (Bombest d'Hœnheim,— c'est ainsi qu'il se fesoit appeller), naquit en 1493 à Einsiedel, près de Zurich, en Suisse. Son père licencié en médecine le confia aux soins de l'*abbé Trithème* qui travailloit beaucoup en chymie, à cause du goût pour cette science qu'il apperçut dans le jeune homme. Paracelse suivit cet art avec passion, il l'étudia ainsi que la médecine sous le savant Fuchgerus. Il courut ensuite le monde pour acquérir de nouvelles lumières, et pour montrer l'ardeur qu'il avoit de s'instruire ; consultant à ce sujet, savans, ignorans, femmelettes, barbiers, chirurgiens, etc., il parcourut la Hongrie, l'Allemagne, la Russie, où il fut pris par les Tartares et de là mené à Constantinople. Il y apprit, dit-on, la pierre philosophale, paya sa rançon, repassa en Allemagne où il fut fait médecin-chirurgien des armées. Il se fit une grande réputation par les succès inouïs qu'il avoit dans le traitement des maladies réputées incurables, l'hydropisie, la lèpre, l'épilepsie ; il emploioit dans leur traitement l'opium, le mercure, l'antimoine et différentes plantes inusitées, enfin d'autres prépar:'ions chymiques inconnues. La vérole qui commença dès lors à paroistre et qui éludoit toutes les méthodes, fut une des maladies dont la guérison contribua le plus à étendre sa réputation. Il se servit pour cela du mercure dont il avoit appris la vertu en Espagne. Berengarius Carpus l'avoit déjà emploié avant lui. Il introduisit avec ce même succès les préparations de térébenthine pour le pansement des ulcères et des plaies, donna le souphre intérieurement. Fier de tous ses succès, il s'arrogea le singulier titre de prince de la Médecine et de monarque des Arcanes, écrivit contre les opinions de Galien qui étoient les seules en vogue de son tems, fit voir l'absurdité de la plupart de ses dogmes et même ayant été fait professeur à Bâle, il brûla dans la première leçon qu'il fit les livres de Galien, d'Avicenne et des Arabes dans un feu de souphre et de mercure et il s'écrioit alors : *Sic vos ardetis in gehennam.* Il substitua à ces livres les ouvrages du divin Hippocrate que tant de commentateurs avoient défigurés. Par cette conduite, il se mit à dos tous les médecins indignés qu'on osât traiter d'absurdités les opinions qu'ils soutenoient. Ils écrivirent contre Paracelse tout ce que le fanatisme du métier, et l'amour-propre offensé put leur suggérer de raisons et d'injures. Paracelse se défendoit avec beaucoup de force et n'oublioit pas les invectives ; il eut des secta-teurs qui répandirent sa doctrine. C'est lui qui commença cette fameuse révolution qui a fait tomber le galenisme et qui a substitué le chymisme, la plus grande qu'ait éprouvée la médecine. Les physiciens et les chymistes imitèrent les médecins dans leurs déclamations contre Paracelse. Il ne professa que deux ans à Bâle. Il fut obligé d'en sortir à l'occasion d'un procès qu'il eut avec un chanoine qu'il avoit guéri comme par enchantement d'une colique, par le moyen d'opium, et qui lui refusoit un honoraire proportionné au service. Les juges ne lui aiant pas été favorables, il les insulta, quitta le païs et parcourut avec quelques disciples parmi lesquels étoit Aporinus, depuis son ennemi, le reste de l'Allemagne. Il mourut à Saltzbourg dans un cabaret, en 1541, âgé de quarante-sept ans, donna tout son bien à l'hôpital et voulut qu'on mît sur son épitaphe qu'il avoit guéri les maladies incurables. On prétend qu'il mourut empoisonné et qu'il avoit échappé deux ou trois fois à ce genre de mort. Il étoit adonné au vin, crapuleux, visionnaire, superstitieux, entêté des chi-

mères de l'astrologie, de la magie, de la cabale
et des autres sciences occultes; mais, quoique
hardi, présomptueux et fanatique, la médecine
et la chymie lui doivent beaucoup. Ses écrits
sont inintelligibles tant à cause des expressions
barbares et purement arbitraires dont il s'est fait
un jargon particulier qu'à cause du désordre et
des fréquentes contradictions dans lesquelles il
est tombé. Il avoit communiqué à quelques amis
la clef de ses ouvrages qu'il paroît que Van Helmont n'a point eu.

A la fin du xiv⁰ et au commencement du
xv⁰ siècle, parut *Georges Agricola*, Allemand, le
premier chymiste qui se soit addonné à la métallurgie, qui y ait appliqué les connoissances chymiques. Il a beaucoup écrit et très-exactement
sur la *Docimasie* ou les Essais des mines : *de re
metallica, de ortu et causa subterraneorum, de
natura eorum quæ sunt e terra, de natura fossi-
lium, etc.* Sa diction est pure et simple ; il est
fort érudit ; tous les métallurgistes qui sont
venus après lui ont puisé dans ses ouvrages. Les

plus célèbres qui lui ont succédé sont : *Lazare Erkerd*, auteur très-exact, qui a fait un traité très-estimé sous le titre de : *Olla subterraneorum, Domina dominantium, Regina reginantium*, etc.

Il parut en France, dans le même tems que ces célèbres métallurgistes, un homme véritablement singulier, simple manœuvre sans lettres, mais ayant beaucoup de sagacité et de justesse d'esprit : il se nommoit *Bernard Palissy* et prenoit à la tête de ses ouvrages, imprimés à Paris en 1580, le titre d'*Inventeur des rustiques figulines du Roy et de la Reine sa mère*. Il y a de très-bonnes choses sur l'agriculture, le jardinage, la conduite des eaux, la poterie, les émaux et des idées très-saines et neuves sur la chymie, la physique et l'histoire naturelle, dont il a fait le premier des cours à Paris, en 1555. La chymie lui doit des faits intéressans sur les terres, leurs usages dans la construction des vaisseaux, sur la préparation du sel commun dans les marais salans, sur les glaces, les émaux, sur le feu et des raisonnemens fort justes sur la chymie, les métaux, leur génération, leur composition, la nature de leurs principes et sur les propriétés de plusieurs autres corps.

La fin du même siècle vit paroistre les ouvrages d'*André Libavius*, collecteur laborieux et intelligent, défenseur zélé de l'alchymie contre les clameurs des zoïles antichymistes de son tems. Nous lui devons, outre beaucoup de connoissances particulières sur les minéraux, le premier corps d'ouvrage que nous aions sur la chymie. Il l'a formé de tous les bons matériaux qu'il a trouvés épars et noyés dans des ouvrages rebutans et remplis de mauvaises choses. '

Trente-six ans après Paracelse, naquit à Bruxelles en 1577, de parents nobles, le célèbre *Jean-Baptiste van Helmont,* qui tient un rang distingué parmi les chymistes. On lui fit d'abord étudier les mathématiques, la philosophie d'Aristote et la médecine dans les ouvrages d'Hippocrate. Il reçut à dix-huit ans le bonnet de docteur. Peu de tems après, ayant été attaqué de la galle, il essaya les différens remèdes qu'on vantoit dans les écoles et surtout les purgatifs forts ; mais il apprit par sa propre expérience combien ces remèdes étoient nuisibles à l'économie animale sans être utiles contre sa maladie : il commença dès lors à se désabuser des préceptes de l'École, à voir la fausseté de la doctrine des humoristes qu'il combattit ensuite avec tant de chaleur et tant de succès. Ayant pris du souphre par le conseil de quelque disciple de Paracelse, il fut parfaitement guéri, ce qui l'engagea à étudier ses ouvrages avec beaucoup de soin ; il se retira à Wilworden, passant les jours et les nuits à l'étude de la chymie et de la médecine. Il écrivit d'abord sur *les eaux de Spa*, et ensuite *de lithiasi*. Ces deux ouvrages suffisent pour faire voir combien il avoit de connoissances chymiques, et combien il méritoit le titre qu'il se donnoit de philosophe par le feu. L'Empereur et un électeur essayèrent inutilement de l'arracher de ce séjour pour l'attirer à leur cour. Van Helmont refusa avec fermeté et s'occupa à écrire ; il imita Paracelse dans ses déclamations contre le galénisme et l'aristotélisme, mais il leur porta des coups mieux assurés que Paracelse, ayant par-dessus cet auteur une imagination plus féconde et plus brillante, plus de connoissances et un goût décidé pour le grand et souvent pour le vrai ; il célébroit d'ailleurs à son exemple une médecine universelle et l'efficacité des remèdes chymiques ; il se fit aussi un jargon particulier et ambitionna le titre de réformateur ; il n'a pas laissé cependant de le combattre en plusieurs endroits. La chymie, la médecine et surtout l'économie animale lui doivent des faits intéressans et de grandes idées souvent neuves et lumineuses. Il avoue n'avoir jamais eu la pierre philosophale qu'il a cherchée avec beaucoup de soin, mais en avoir vu deux fois les effets. Il disoit posséder l'*Alkaest* ou le dissolvant universel dont il se servoit pour obtenir la pierre philosophale, mais qui est opposé, suivant la remarque du Philatethe, aux opérations qui y conduisent. Ce chymiste mourut à la fin de l'année 1644. Ce fut à peu près dans ce tems que la chymie commença à se répandre dans les écoles de médecine à la place du galénisme écrasé par les arguments victorieux et les cures célèbres de Paracelse, de van Helmont et de leurs disciples. La secte chymique se forma parmi les médecins mêmes ; dès lors, toutes les fonctions du corps humain, tous les dérangemens, toutes les maladies furent expliquées chymiquement. *François de le Boe Sylvius, Otho Takenius* et *Thomas Willis,* auteur d'un traité sur la fermentation fort estimable et inventeur des deux principes passifs ajoutés au ternaire de Paracelse, furent les chefs et les propagateurs de cette nouvelle doctrine. Les écoles ne retentirent plus que des termes mal appréciés de souphre, de sel et d'esprits ; le corps humain passoit pour un laboratoire ou un alambic ; tous les changemens qui y arrivoient étoient des phénomènes chymiques, des fermentations ou effervescences que l'on ne savoit pas distinguer. Cet abus de la chymie se perpétua dans la médecine jusqu'à ce qu'enfin les méchaniciens, armés d'expériences et de calculs, firent subir aux chymistes médecins le sort que ces derniers avoient fait éprouver aux galénistes. La chymie et la médecine souffrirent également de cet excès des chymistes, car la chymie fut livrée au raisonnement et à la fureur des explications, et la médecine fut remplie de théories monstrueuses qui retardèrent considérablement ses progrès, en diminuant le goût de l'observation.

Dans ce même tems, la chymie fut partagée en différentes branches. Les adeptes ou les chercheurs de la pierre philosophale, devenus plus rares à mesure que la chymie se perfectionnoit, firent une classe à part. Les plus célèbres furent *Morienus*, Arabe, *Georges Sypley*, Anglois, *Despagnet*, président du Parlement de Toulouse, le Cicéron de la chymie, et le célèbre *Flammel*, qui posséda ce précieux secret. Il osa le communiquer à sa femme *Pernelle*, qui eut la vertu si rare à son sexe de le garder. Il emploia les richesses immenses qu'il acquit par ce moyen, à bâtir les Innocens, Saint-Jacques de la Boucherie,

Sainte-Geneviève des Ardens, et un hôpital à Boulogne-sur-Mer. Il fit peindre sur une des vitres de Saint-Jacques de la Boucherie une allégorie sur la pierre philosophale tirée de la Vierge, de la sagesse de Salomon, des signes du zodiaque, etc., où l'on voit : *Turris eburnea, Domus aurea* avec l'Athanor. Il fut accusé d'avoir volé un dépôt laissé par les Juifs, lorsqu'ils furent chassés de France ; mais cette calomnie tombe d'elle-même, puisqu'il est né plus de soixante-dix ans après la sortie des Juifs.

Une autre branche de la chymie fut celle des médecins chymistes dont nous avons parlé. Une troisième classe comprit ceux qui écrivirent sur la chymie en rangeant suivant différentes méthodes les objets dont elle s'occupe. *Mullerus* (Miracul. chym.) suivit celle qui est fondée sur les différens degrés de chaleur ; d'autres prirent pour règles les différentes opérations telles que la distillation, la crystallisation, la dissolution, etc. De ce nombre furent *Beguin*, un des plus anciens disciples de Paracelce, *Lefevre* et, dans les tems postérieurs, *Lemery* qui les a copiés sans les citer.

D'autres divisèrent leurs travaux en trois sections relativement aux trois règnes de la nature, végétal, minéral et animal. Cette méthode a été suivie dans ces tems par Nicolas Lemery et Boerhaave dont nous parlerons.

Les métallurgistes composèrent une quatrième classe; à Georges Agricola, Erkerd et Fuchs se joignit le célèbre *Glauber*; mais il est dans tous les genres, et il mérite d'être rapporté à la cinquième classe qui comprend les chymistes qui, sans s'asservir à aucune méthode particulière et à aucun objet, eurent dans leurs travaux des vues d'analyse, se servirent des combinaisons pour connoistre les corps, et fonder des aitiologies qui pussent être emploiées comme les matériaux naturels d'une théorie chymique liée et soutenue. De ce nombre sont Glauber, Becher, Boyle, Kunckel et Stahl.

Jean-Rodolphe Glauber, Allemand fixé en Hollande, étoit né vers le commencement du dernier siècle. C'est un des plus infatigables et des plus expérimentés artistes qu'ait eus la chymie. Aussi l'a-t-il enrichie d'un grand nombre de découvertes utiles, d'une multitude de faits et d'expériences, non seulement précieuses pour l'usage qu'on en peut faire pour la pharmacie, la métallurgie et les autres arts dépendant de la chymie, mais même pour l'éclaircissement qu'ils offrent à la théorie. Il a inventé plusieurs vaisseaux, corrigé des procédés pour faciliter, assurer et abréger les opérations. Il a donné à la médecine de nouveaux remèdes dont il a vanté les vertus avec un enthousiasme outré. Un cinquième des travaux de la chymie actuelle est fondé sur ceux Glauber: il a été pillé par les uns et critiqué par d'autres. Becher et son disciple Stahl ont été les plus distingués de ses ennemis. Ce dernier lui a rendu cependant quelquefois justice. Ils l'ont l'un et l'autre combattu souvent sans l'entendre, surtout au sujet des liqueurs fermentées. Il avoit été opposé à Becher à la cour de l'Empereur. A Amsterdam où il passoit pour un second Paracelse, il a continué d'écrire jusqu'en 1669.

Au commmencement du même siècle, en 1625, naquit à Spire l'illustre *Joachim Becher*, homme d'un génie supérieur, d'un jugement exquis, et très-versé dans presque toutes les sciences, le vrai Hermès de la chymie philosophique. Il fut d'abord médecin et chymiste des Électeurs de Mayence et de Bavière, après cela l'Empereur l'appela à Vienne et le fit conseiller aulique. Il y proposa l'établissement d'une compagnie des Indes, d'une Banque, imagina la machine dont on se sert à Lyon pour dévuider la soie, fit des thermomètres à figures, des baromètres à cadran, ôta de l'horlogerie trois roues inutiles et, dans la suite, en Angleterre, donna le moyen de remédier aux allongemens des balanciers par la chaleur. Il travailla longtems sur le mouvement perpétuel sur lequel il avoit des prétentions ; il inventa des machines pour élever des poids, construisit des pompes ; enfin on peut dire qu'il n'est aucune science qu'il n'ait connue et enrichie. Mathématiques, politique, jurisprudence, etc., tout fut de son ressort; mais il n'a travaillé sur aucune partie aussi assidument et avec autant de fruit et de succès que sur la chymie. Sa *Physique souterraine*, que malheureusement nous n'avons pas complette, contient au moins le germe de toutes les vérités chymiques et du système qui les rassemble en corps. Mais sa doctrine est encore plus belle et plus lumineuse, exposée, éclaircie et confirmée par Stahl dans le *Specimen Becherianum*. Avec tant de mérites Becher ne pouvoit pas manquer d'exciter l'envie et la jalousie; d'ailleurs d'un caractère dur, inflexible, ennemi des charlatans et des flatteurs, peu propre en un mot à tous les manéges de la cour, il fut obligé de la quitter. Il se retira en Hollande où il fut encore persécuté par le ministre de l'Empereur qui l'accusa d'être Juif, pendant qu'il venoit de composer l'Imitation de Jésus-Christ mourant. Il traita avec les ministres de Hollande pour établir sa *Minerva perpetua semper aurum et argentum fundens*. Il tira de l'or et de l'argent avec lesquels on battit monnoie. Il prétendit qu'il en fesoit, il proposa même de faire des travaux en grand, mais il eut du désagrément et ne fut pas paié. Ainsi, après y avoir passé onze mois, il alla en Angleterre où le prince de Rupelmonde et Boyle avoient tâché de l'attirer en lui envoyant Larcy, apoticaire-chymiste françois réfugié. Tous les savans vinrent lui offrir tous les secours dont il pouvoit avoir besoin. Il fit plusieurs voiages dans les mines et imagina de faire servir à leur exploitation le charbon minéral qui y étoit peu propre, à cause de la quantité de souphre et de bitume qu'il contient. Pour y réussir il fit brûler à demi ce charbon pour dissiper ces substances. Dès lors ce charbon fut emploié non-seulement dans les mines mais encore dans les maisons. Ce service valut aux Anglois, qui manquoient de bois, des sommes immenses et eût fait élever à Rome et à Athènes des statues à Becher. Il a composé, outre sa *Physique souterraine*, plusieurs traités particuliers dont quelques-uns roulent sur l'alchymie. Il a écrit aussi sur différens sujets de médecine, de grammaire, de belles-lettres, de politique, de théologie, de mathématiques, de méchanique, etc. Il avoit conçu l'idée de faire une langue universelle à l'usage de tous les savans, analogue à celle des Chinois. Il est mort à Londres en 1682.

Robert Boyle, fils de Richard Boyle, comte de Corck en Irlande, fut contemporain et ami de Becher. Sa première étude fut celle des livres saints où il puisa un attachement sans bornes au christianisme. L'Angleterre, les Indes orientales, la Turquie, conservent des monumens de sa libéralité pour répandre la religion chrétienne. Il emploioit tous les ans 25 mille sterling à faire traduire des livres et à envoyer des prêtres pour prêcher et convertir les infidèles. On a remarqué que lors du décollement du roy d'Angleterre, deux poëtes et lui furent les seuls qui ne prirent point de part à cette révolution et qui n'embrassèrent aucun parti, en sorte qu'on ne trouvoit dans tout le royaume que trois têtes sages et qui étoient, comme l'on voit, appliquées aux sciences et aux beaux-arts. Tous les élémens furent soumis à ses observations et à ses expériences. Il prétendoit dérober le secret de la nature par la chymie et se glorifioit d'être philosophe par le feu, comme van Helmont, à qui Boyle refusoit ce titre. Mais M. Rouelle pense qu'il méritoit moins, aiant été plus physicien que chymiste. Il a beaucoup écrit sur l'élasticité de l'air, sur le vuide, sur la forme spirale des molécules de l'air que Becher, avant les newtoniens, a tournée en ridicule. Becher se plaint à lui-même, dans une épître dédicatoire qu'il lui adresse, de ce qu'il a perdu un tems considérable pour du vent et qu'il auroit mieux emploié aux expériences chymiques. Celles qu'il nous a laissées sont toutes fort exactes, bien détaillées et faciles à répéter ; mais les conséquences qu'il en tire ne sont pas toujours bien déduites et les explications fondées sur sa physique corpusculaire ne sont pas recevables en chymie. La réfutation qu'il en tire des erreurs répandues parmi le peuple des chymistes n'étoit

pas nécessaire, puisqu'elles avoient été apper-
çues et bannies avant lui par les chymistes
éclairés ; il mourut en 1691, après avoir passé
une vie languissante ou dans des douleurs vives
de néphrétique ou dans des incommodités habi-
tuelles ; ce n'est que par le moyen du régime le
plus exact et le plus soutenu, qu'il a pu résister
à la délicatesse de son tempérament.

Jean Kunckel, chymiste allemand, aussi contemporain de Boyle et de Becher, fut un travail-
leur très-appliqué et un observateur sur la fidélité
et la sincérité duquel on peut compter. Il commença ses travaux par la pharmacie et la verrerie. Successivement appelé auprès de l'Électeur
de Brandebourg et du roy de Suède, il eut enfin
la direction d'une verrerie où il trouva, par le
moyen d'un feu vif et continuel, la facilité de
faire beaucoup d'expériences curieuses. Il répéta
aussi la plupart de celles d'Isaac le Hollandois.
Il eut encore l'occasion de faire beaucoup d'observations sur la verrerie qu'il ajouta au traité
de Merret, commenté par Nery, et en fit un

ouvrage complet ; mais des expériences les plus belles et les plus lumineuses, il tira la théorie la plus absurde sur le feu. Il nie qu'il y ait dans la nature un principe élémentaire du feu et admet à sa place les qualités occultes des anciens, le *calidum* et le *frigidum*. Stahl a profité de la plus grande partie de son traité du souphre et le combat souvent avec ses propres armes. Kunckel a travaillé aussi sur l'alchymie et les transmutations et calcinations des métaux. Il a réfuté les chercheurs de la pierre philosophale dans la règle qu'il appelle *piscatores in aere.*

A ces trois célèbres chymistes succéda le grand Stahl (Georges-Ernest), né à Anspach en 1660, premier médecin du duc de Saxe-Weimar en 1687, professeur en médecine dans l'Université de Hall en 1694, où il se fit une très-grande réputation ; il professa jusqu'en 1716, qu'il alla à Berlin où le feu roi de Prusse l'appella pour être son premier médecin, place qu'il a remplie jusqu'en 1734, année de sa mort. Ses talens pour la chymie se développèrent de bonne heure ;

il étudioit à l'âge de quinze ans les ouvrages de
Kunckel et de Becher; il se montra digne disciple de ces grands maîtres et donna à vingt-
deux ans *Fundamenta chymiæ dogmaticæ expe-
rimentalis*, ouvrage qui, quoiqu'il se ressente de
son âge, donna de lui de grandes espérances. Il
se repent dans son dernier ouvrage de l'avoir
fait et l'appelle l'ouvrage des folies de sa jeu-
nesse. Il écrivit sur différentes parties de la médecine, fit renaître le pouvoir de la nature dans
la formation et la guérison des maladies aiguës;
mais il voulut déterminer cette nature et l'identi-
fier avec l'âme. Cette doctrine se glorifie du titre
pompeux de stahlianisme. Stahl promit de faire
lui seul une académie, et, pour remplir cet enga-
gement, il donnoit un mémoire tous les trois
mois. Il fut obligé, étant professeur, de disconti-
nuer cette entreprise; mais il fit paroistre ses dissertations en thèse et n'en changea que la forme.
Parmi les obligations que la chymie lui a, celle
d'avoir mis Becher à la portée des lecteurs, de
l'avoir revêtu de la forme philosophique, n'est

pas la moindre. Il a, outre cela, bien mérité de la chymie par le genre de travail le plus difficile, le plus délicat et le plus important, celui qui regarde le phlogistique, la seconde terre de Becher. Il a porté ce travail à un tel point de perfection, que si toutes les branches de la chymie étoient ainsi discutées et éclaircies, on auroit un corps de chymie complet. On a reproché à M. Stahl d'avoir écrit d'un stile dur, serré et embarrassé. Cette observation, qui a choqué quelques amateurs, a été approuvée par quelques chy istes, qui n'ont vu qu'à regret prostituer l'art aux prophanes et divulguer ses mystères en publiant ses principes en langue populaire et sur le ton ordinaire des sciences ; mais ce défaut ne peut que multiplier la lumière et les utilités qui résultent naturellement des connoissances chymiques, sans nuire à ses progrès.

Jean-Frédéric Henckel, un peu plus moderne que Stahl, fut son disciple et celui de Becher. Il fut emploié pendant soixante ans dans la basse

Saxe, en qualité de conseiller des mines. C'est là qu'il a puisé les connoissances profondes et liées qu'il nous a données sur les minéraux et il a pris avec les mineurs le stile dur avec lequel il les expose. Son traité *De Origine lapidum* est le fondement de la *Lithogéognosie de* Pott. Ses principaux ouvrages sont le *Flora saturnizans*, la *Pyritologie*, le *Traité de l'appropriation*, *Kali-genicul. Germ.*

Frédéric Hoffmann, rival de Stahl, auquel il a succédé dans la place de premier médecin du roy de Prusse, n'a eu d'autre vocation à la chymie que la jalousie inspirée par les succès de son prédécesseur. Il paroît qu'il se servoit dans ses opérations chimiques de la main de quelque manœuvre, peu sûr et mauvais observateur. Ses observations sont isolées, roulent sur de petits objets et n'ont point le mérite de la nouveauté, et ses dissertations sur les eaux minérales, qui ont été fort admirées et fort copiées, ne sont qu'un mauvais ouvrage bien fait.

Nicolas Lemery, qui paroît n'avoir pas eu connoissance de Stahl, a donné au commencement de ce siècle quelques ouvrages chymiques, entre lesquels son *Traité de Chymie* lui a fait beaucoup de réputation, même chez les Allemands qui, quoique fort riches en ce genre, l'ont traduit. Les opérations y sont très-exactement décrites, accompagnées de réflexions judicieuses sur le manuel et d'explications peu satisfaisantes sur la théorie. Ces explications sont tirées de la physique corpusculaire qui dominoit de son tems. M. Rouelle lui reproche de n'avoir jamais été inventeur, et de n'avoir montré aucune vue dans ses expériences, et d'avoir fait enfin bouillir de l'antimoine avec des choux pour voir comme cela feroit, selon l'expression favorite de M. Rouelle.

Le stahlianisme a été connu en France par les leçons de M. Rouelle et par les ouvrages de M. Macquer. M. Rouelle a répandu le goût de la saine chymie en France, l'a enrichi de plusieurs découvertes sur la crystallisation des sels, sur les sels avec excès d'acide, sur l'inflammation des huiles par les acides, sur plusieurs prin-

cipes des végétaux. Il a rectifié et corrigé
beaucoup de procédés et ses corrections sont
fondées sur une suite de principes qui donnent
une théorie complète de la distillation. Il a
rendu les manuels plus parfaits, plus sûrs, en les
éclairant toujours par des aitiologies bien déduites, enfin il a ajouté beaucoup d'idées neuves
et utiles à la doctrine de ses maîtres Stahl et
Becher, et il occupe le premier rang parmi les
chymistes modernes.

La chymie de Boerhaave, qui a paru quelques
années après la connoissance des principes de
Stahl en France, eut à la faveur de la célébrité
de son auteur une grande vogue ; mais depuis,
mieux jugée par les chymistes, elle a été appré-
ciée à sa juste valeur. On a trouvé l'ordre qu'il
propose admirable et celui qu'il adopte fort mauvais. Le *Traité du feu* est une compilation bien
faite. On regrette que Boerhaave n'ait pas fait
sur l'air le même travail. On a jugé assez unani-
mement que Boerhaave n'étoit pas chymiste, qu'il
n'avoit allumé d'autre feu que celui de sa lampe,

et qu'il n'avoit fait aucune opération propre à éclairer la théorie.

Tel est l'état de la chymie et des chymistes depuis son origine jusqu'à présent.

Toutes les connoissances physiques aussi bien que les procédés des arts doivent quelque chose à la chymie qui s'est enrichie de tous les résultats des opérations suivies et réfléchies que lui ont fournies les artistes ou les manœuvres.

Si la physique lui prête des connoissances en lui montrant les propriétés générales des corps, en lui offrant tous les secours de la méchanique et de l'hydrostatique et la guidant par leurs principes, elle reçoit à son tour de la chymie les connoissances particulières et intimes de ces corps, leurs propriétés singulières, spécifiques et distinctives. Sans elle la physique n'auroit jamais pu s'occuper de ses généralités. C'est de la chymie qu'elle a déjà appris ou qu'elle apprendra les vraies causes des grands phénomènes que nous présente la nature, comme les volcans, les tremblemens de terre, la foudre, les éclairs.

La chymie ne cherche pas de vains raisonne-
ments; elle ne cherche que des faits. Lui demande-
t-on, par exemple, ce que c'est que le cinnabre?
Elle répond que c'est un composé de souphre et
de mercure : pour le prouver, elle le réduit en
ces deux substances qu'elle fait voir séparées.
Elle fait plus : avec du souphre et du mercure elle
compose un véritable cinnabre. Il est vrai cependant qu'elle ne peut pas étendre cette démonstration à tous les corps, surtout aux animaux et
aux végétaux dont l'organisation est un secret de
la nature qui a échappé à toutes les recherches.

On sait le lien étroit qui unit la chymie à la
médecine. Elle lui fournit les secours les plus
efficaces, les plus actifs, les plus sûrs ; elle lui
donne l'explication de plusieurs phénomènes qui
sans elle sont inintelligibles ; elle seule peut rendre
raison de tous les changemens qui arrivent aux
liqueurs du corps animal dans les différens états où
elles se trouvent et qui puissent en faire connoistre
la nature, la composition et les effets : la diges-

tion, la gangrène, la carie des os, l'épaississement des liqueurs, etc., sont des phénomènes dont la chymie a le dénouement.

La peinture doit à la chymie ses couleurs les plus belles et les plus durables, comme l'outremer ou le bleu céleste, le cinnabre, le carmin, le jaune de plomb, les terres colorées, les lacques, le plus beau noir, le bleu de Prusse.

La teinture a reçu d'elle l'art d'enlever à la soie, au coton et à la laine une matière grasse qui les empêche de prendre les couleurs ; c'est par le moyen des alkalis fixes et volatils, de la bile des animaux, des lotions et macérations, etc., qu'on y parvient. Le chef-d'œuvre de la teinture, l'écarlate, est dû à un habile chymiste, Drebbel, Hollandois. Son gendre s'enrichit de son secret. L'éclat de cette couleur dépend d'une dissolution d'étain dans l'eau-forte qui exalte la couleur de la cochenille et toutes les autres couleurs rouges. On a découvert depuis peu deux nouvelles couleurs sous le nom de *vert* et de *bleu de Saxe*, parce qu'elles ont été trouvées par un chymiste

de ce païs. il paroît que c'est le cuivre qui fournit
la matière de ces couleurs.

L'art des vernis qui imite la transparence, le
poli et le brillant du verre est nouvellement
sorti de la chymie.

L'art de la verrerie est d'un usage si entendu
qu'on peut le regarder comme un des plus néces-
saires ; il est tout chymique ; c'est par lui que
l'homme dans sa vieillesse supplée au défaut de
ses yeux, que l'astronome a pénétré dans les
cieux, que le naturaliste a découvert un nombre
prodigieux d'êtres animés inconnus aux siècles
qui nous ont précédés. Agricola, Nery, Merret,
Kunckel ont le plus contribué à sa perfection.

C'est la verrerie qui nous a donné l'art des
émaux ou l'art d'appliquer différens verres colorés
sur des métalliques. C'est entre les mains d'un
chymiste de nos jours, M. de Montamy, que cet
art se perfectionne par la substitution importante
des couleurs fixes au feu à celles que la vitrification fesoit changer et qui exigeoient que l'artiste
eût toujours présente, en travaillant, une palette

idéale. L'art de faire pénétrer dans le verre des couleurs transparentes ou l'art de peindre le verre n'est pas perdu comme bien des gens le prétendent. Cet art, autrefois emploié pour les vitres des églises, dans lesquelles on cherchoit à introduire une sainte obscurité qui, cachant les défauts d'une grossière architecture, inspiroit plus de piété et de recueillement, cet art, dis-je, est devenu inutile aujourd'hui, parce que l'architecture plus noble a souffert la clarté, et que la dévotion n'a plus été regardée comme un point intéressant ; moins de prières et plus d'argent, voilà le but des ministres de l'Église.

La chymie fait encore plus que de perfectionner la verrerie : elle imite les pierres précieuses et leurs couleurs. Quoique cet art soit encore dans son enfance, il surpasseroit déjà la nature, si l'on pouvoit rendre le verre cinq à six fois plus dur qu'il n'est. M. Pott assure, dans sa *Lithogéognosie*, qu'il est parvenu à lui donner une dureté supérieure à celle du crystal de roche.

Les arts qui travaillent sur les métaux tirent

5

presque tous leurs secours de la chymie : par son
moyen ils donnent aux uns la ductilité, à d'autres
plus de dureté, aux autres une couleur et un éclat
étrangers. C'est ainsi qu'on rend l'or plus doux
et plus ductile par l'alliage ; qu'on rehausse sa
couleur quand il est pâle par le moyen de l'anti_
moine et de la cémentation. On fait aussi par
des mélanges de nouvelles compositions. Le
cuivre jaune ou laiton, le tombac ou métal du
Prince sont des produits de la chymie qu'on
doit à Becher.

C'est la chymie qui a donné naissance à la
métallurgie, ou du moins qui l'a perfectionnée
ou débrouillée. Cet art, qui consiste à retirer les
métaux de leurs mines et de les séparer de tous
les corps étrangers avec lesquels ils sont con-
fondus ou unis, ou enfin minéralisés, doit beaucoup à Becher et à M. Pott. La façon de traiter
les mines d'or par le mercure est due à Alonzo
Barba, curé de Potosi, qui par ce secret a fait
continuer l'exploitation des mines du Potosi que
le défaut de bois avoit fait cesser. Les montagnes

de ce païs ne sont plus couvertes que d'une petite bruyère qu'on ménage pour les travaux qui demandent absolument du feu.

La guerre doit à la chymie ses armes les plus redoutables, le *feu grégeois*, la poudre à canon et les feux d'artifice. Schwartz, moine allemand, publia le premier la poudre à canon et la communiqua aux Vénitiens; mais sa composition étoit connue de Roger et d'Albert le Grand, dans les ouvrages desquels on trouve aussi des traces des étoiles et des fusées volantes. Le docteur Friend soupçonne que Bacon avoit appris le secret de la poudre à canon dans un manuscrit d'un nommé Marc, intitulé *Liber ignium*, qu'il trouva dans la bibliothèque de Richard de Mead et qui se trouve aussi dans la Bibliothèque du Roy. Les Chinois ne l'ont point connue avant nous, grenée, telle qu'il faut qu'elle soit pour les armes à feu; il n'ont eu que cette composition qui espropre pour les feux d'artifice.

Nous ne parlerons point de la magie; il est très-probable que toutes les merveilles qu'opé-

roient les anciens mages et les gens qu'on a
appellés ensuite magiciens, et par le moyen des-
quelles ils étonnoient les hommes ignorans et
crédules, ils les devoient à l'étude de la nature
qui fesoit l'objet de leur application; toutes les
merveilles qui surprenoient étoient la suite de
l'adresse avec laquelle ils savoient faire con-
courir l'art avec la nature dans certains effets
dont ils cachoient les causes. La poudre à canon,
les liqueurs fulminantes, le phosphore ont pu sans
doute faire soupçonner dans ceux qui s'en sont
servis les premiers quelque chose de diabolique
et de divin, faire crier à la magie ou au mi-
racle.

La cuisine ou l'art de conserver et de préparer les alimens doit à la chymie des préceptes, des loix et des préparations qui établis-
sent leur salubrité. Elle lui doit l'art de réduire
les viandes en gelées et concentrer même ces
gelées pour en faire des tablettes de bouillon
propres à être transportées dans les voiages de
long cours. La colle forte peut être emploiée

pour le même usage, n'étant qu'un extrait de piés de bœuf. Boyle a trouvé l'art de conserver les viandes cuites en les enveloppant dans le saindoux. Glauber a fait voir que l'esprit de sel avoit la propriété de conserver les viandes et les poissons et leur donner même un goût agréable sans leur communiquer aucune dureté, comme fait le sel marin entier.

M. de Réaumur nous a appris de même à conserver les œufs frais par le moyen du vernis dont on enduit la coque.

Outre les alimens que la chymie sait assaisonner, elle fournit encore à la table des boissons spiritueuses très-agréables formées du suc des résines ou des fruits sucrés qui ont éprouvé la fermentation. Elle a aussi montré les moyens d'en tirer les esprits inflammables, et, par différentes combinaisons avec les esprits aromatiques des végétaux, d'en faire différentes sortes de liqueurs et de parfums.

On lui doit encore de souphrer les vins pour en arrêter la fermentation, afin de les rendre

plus durables et de les mettre en état de suppor-
ter le transport.

L'alchymie enfin tire des lumières de la chymie
philosophique et analytique à qui elle en donne à
son tour. Quelques alchymistes l'ont crue inutile
pour leurs travaux; mais les vrais adeptes en
sentent tout le prix et la conseillent, surtout
cette partie de la chymie qui traite des métaux
Avec son secours le chymiste sera détourné de,
s'addonner à la recherche pénible et infruc-
tueuse de la pierre philosophale; ou s'il la cherche, ce sera avec plus de connoissances ou
avec plus de précautions; il s'épargnera une foule
d'opérations inutiles et ridicules, pour ne s'atta-
cher qu'à celles qui mènent plus directement au
but.

APPENDICE

APPENDICE

I

Notice sur le manuscrit de la Bibliothèque de Bordeaux renfermant le cours de Rouelle

Je me borne à dire le plus brièvement qu'il est possible les sujets traités, sans insister sur la doctrine, connue suffisamment grâce à l'Encyclopédie et au Dictionnaire de Chimie de Macquer.

TOME I (pages 1-123.)

INTRODUCTION CONTENANT L'HISTOIRE DES PROGRÈS DE CET ART.

Des principes. Du feu. De l'air. De l'eau. De la terre Des menstrues ou dissolvans. Des vaisseaux : les four neaux, les cornues, les alambics, l'athanor. La circulation, la distillation, la digestion, la sublimation, la filtration, l'évaporation, la trituration, la calcination : les creuzets, la *testa probatoria*, la coupelle.

Table des différens rapports observés entre différentes substances (de M. Geoffroi).

Table des rapports de M. Rouelle tirée de l'*Encyclopédie.*

Caractères chimiques.

TOME II (pages 124-252.)

RÈGNE VÉGÉTAL.

Section I. — De l'Analyse ou de la Décomposition.*

Procédé 1. — Extraire les parties aromatiques du romarin.

Procédé 2. — Extraire l'esprit aromatique huileux du romarin.

Procédé 3. — Retirer l'huile essentielle d'une plante.

Procédé 4. — Retirer l'huile essentielle des cloux de gérofle *per descensum.*

Procédé 5. — Retirer l'huile des amandes par expression sans le secours du feu.

Procédé 6. — Retirer l'huile figée ou le beurre de cacao par l'ébullition avec l'eau.

Procédé 7. — Distiller le romarin à feu nud.

Procédé 8. — Retirer l'alkali fixe d'une plante par la combustion à l'air libre.

Procédé 9. — Retirer l'alkali fixe d'une plante à la manière de Takenius.

Procédé 10. — Purifier l'alkali fixe.

Procédé 11. — Distiller le chêne à feu nud.

Procédé 12. — Distiller le gayac à feu nud.

Procédé 13. — Retirer l'air contenu dans le gayac.

Procédé 14. — Retirer l'eau spiritueuse du cochlearia.

Procédé 15. — Distillation de la semence de sinapi.

Procédé 16. — Retirer l'huile essentielle de térében-thine.

Procédé 17. — Distillation de la térébenthine cuite.

Procédé 18. — Distillation de l'oliban ou encens mâle.

Procédé 19. — Retirer les fleurs du benjoin.

Procédé 20. — Distiller le résidu du procédé précé-dent.

Procédé 21. — Distillation de la cire.

Procédé 22. — Distillation de l'huile d'olive.

Procédé 23. — Extrait de romarin.

TOME III (pages 253-398.)

Procédé 24. — Extrait du quinquina par la tritura-tion.

Procédé 25. — Distillation des corps muqueux.

Section II. — De la Synthèse. — De la Fermentation.

Procédé 26. — Distillation du vin.

Procédé 27. — Retirer l'esprit de vin pur.

Procédé 28. — Rectification de l'esprit de vin à l'eau suivant la méthode de Kunckel.

Procédé 29. — Retirer l'esprit de vin avec l'alkali fixe.

Procédé 30. — Décomposition de l'esprit de vin ou teinture de tartre, ou d'alkali fixe.

Procédé 31. — Retirer le tartre du résidu de la distillation du vin.

Procédé 32. — Distillation du tartre.

Procédé 33. — Tirer l'alkali fixe du tartre par la combustion à l'air libre.

Procédé 34. — Alkali rendu caustique par la pierre à chaux. Pierre à cautère.

Procédé 35. — Distillation de la lie du vin.

De la Fermentation acide.

Procédé 36. — Concentration du vinaigre par la gelée.

Procédé 37. — Distillation du vinaigre.

Procédé 38. — Combinaison de l'esprit de vin avec les huiles essentielles.

Procédé 39. — Combinaison de l'esprit de vin avec la partie aromatique des végétaux. Ratafias. Eau divine.

Procédé 40. — Esprit aromatique des plantes.

Procédé 41. — Baume de Fioraventi.

Procédé 42. — Dissolution des résines par l'esprit de vin.

Procédé 43. — Extraire la partie résineuse du gayac par le moyen de l'esprit de vin, ou teinture de gayac.

Procédé 44. — Extraire la résine du jalap.

Procédé 45. — Extraire la partie résineuse de l'aloës.

Procédé 46. — Extraire la partie résineuse de la myrrhe.

TOME IV (pages 399-558.)

Des Vernis.

Procédé 47. — Teinture ou parties colorantes.

Procédé 48. — Extraire la partie colorante verte des végétaux.

De l'art de la Teinture.

Procédé 49. — Combinaison de l'acide du tartre avec l'alkali fixe ordinaire ou les terres absorbantes. Sel végétal.

Procédé 50. — Combinaison de l'acide du tartre avec l'alkali de la soude, ou la base du sel marin. Sel polychreste de Seignette.

Procédé 51. — Décomposer le sel végétal et le sel de Seignette.

Procédé 52. — Combinaison de l'acide du vinaigre avec l'alkali fixe du tartre ou terre foliée du tartre.

Procédé 53. — Décomposition de la terre foliée et du tartre. Vinaigre radical.

Des Savons ou de la combinaison des Huiles avec l'Alcali fixe.

Procédé 54. — Combinaison de l'alkali fixe avec une huile essentielle. Savon de Starkey.

Procédé 55. — Décomposition des résines par l'alkali fixe.

Procédé 56. — Distillation de la suye.

RÈGNE ANIMAL.

Du Lait.

Procédé 1. — Distillation du lait au degré de l'eau bouillante.

Procédé 2. — Distillation du lait au degré supérieur de l'eau bouillante.

Procédé 3. — Distillation de la lymphe animale ou des blancs d'œufs.

Procédé 4. — Distillation de la corne de cerf.

Procédé 5. — Extraire la partie gélatineuse de la corne de cerf.

De l'Urine.

Procédé 6. — Distillation de l'urine.

Procédé 7. — Retirer le sel fusible de l'urine.

Procédé 8. — Décomposer le sel fusible.

Procédé 9. — Retirer le phosphore de l'urine.

De la Putréfaction.

Procédé 10. — Rectifications des alkalis volatils.

Procédé 11. — Rectifier les huiles animales.

Des Insectes.

Procédé 12. — Extraire la partie colorante de la cochenille ou carmin.

Le chimiste bordelais a ajouté :

Procédé 13. — Analyse du sang.
Procédé 14. — Analyse de la bile.

TOME V (pages 559-722.)

Du règne minéral.

Des Bitumes.

Procédé 1. — Distillation du charbon de terre. — Du succin.
Procédé 2. — Distillation du succin.
Procédé 3. — Purification du sel de succin.
Procédé 4. — Purification de l'huile de succin.
Procédé 5. — Teinture de succin.
Procédé 6. — Dissolution de succin dans l'huile de lin cuite. Vernis gras.

Des Acides minéraux. — De l'Acide vitriolique.

Procédé 7. — Purification du vitriol.
Procédé 8. — Distillation du vitriol.
Procédé 9. — Concentration de l'acide vitriolique.
Procédé 10. — Combinaison de l'acide vitriolique avec une terre calcaire. Sel séléniteux.
Procédé 11. — Combinaison de l'acide vitriolique avec l'alkali fixe. Tartre vitriolé.
Procédé 12. — Combinaison de l'acide vitriolique avec l'alkali volatil. Sel ammoniacal vitriolique de Glauber.

Procédé 13. — Combinaison de l'acide vitriolique avec les huiles essentielles. Dissolution du camphre dans l'acide vitriolique.

Procédé 14. — Combinaison de l'acide vitriolique et de l'huile essentielle de térébenthine. Résine artificielle.

Procédé 15. — Combinaison de l'acide vitriolique avec l'esprit de vin. Acide vitriolique vineux volatil ou liqueur æthérée de Frobenius.

Du Souphre.

Procédé 16. — Distillation des pyrites de Passy.

Procédé 17. — Sublimation du souphre ; fleurs de souphre.

Procédé 18. — Décomposition du souphre. Acide sulphureux volatil.

Procédé 19. — Dissolution du souphre dans les huiles par expression. Rubis de souphre.

Procédé 20. — Dissolution du souphre dans les huiles essentielles. Baume de souphre térébenthiné.

Procédé 21. — Combinaison du souphre avec l'alkali fixe ; foie de souphre.

Procédé 22. — Combinaison de l'acide vitriolique et du phlogistique. — Souphre artificiel.

TOME VI (pages 723-854.)

Du Nitre.

Procédé 23. — Alkalization du nitre par lui-même.

Procédé 24. — Distillation du nitre par l'intermède du vitriol.

Procédé 25. — Fixation du nitre ou plutôt alkalization du nitre par le moyen des charbons ou détonation du nitre par les charbons.

Procédé 26. — Détonation du nitre avec du tartre. Alkali extemporané. Flux blanc. Flux noir.

Procédé 27. — Détonation du nitre avec le souphre. Sel polychreste de Glaser ou tartre vitriolé.

Procédé 28. — Détonation du nitre par un alkali volatil. Sel marin régénéré. Sel fébrifuge de Sylvius.

Procédé 29. — Détonation du nitre par le charbon et le souphre. Poudre à canon.

Procédé 30. — Poudre fulminante.

Observations sur l'Acide nitreux.

Procédé 31. — Combinaison de l'acide nitreux avec les substances terreuses alkalines.

Procédé 32. — Combinaison de l'acide nitreux avec le camphre ou dissolution du camphre dans l'acide nitreux.

Procédé 33. — Combinaison de l'acide nitreux avec l'huile essentielle de térébenthine ou résine.

Procédé 34. — Enflammer les huiles essentielles empyreumatiques et par expression avec l'acide nitreux.

Procédé 35. — Combinaison de l'acide nitreux avec l'esprit de vin ou acide nitreux vineux volatil connu sous le nom d'éther nitreux.

Procédé 36. — Précipitation de l'eau-mère. Magnésie du nitre.

Procédé 37. — Démontrer l'acide nitreux dans les plantes.

Du Sel marin.

Procédé 38. — Distillation du sel marin. Acide du sel marin.

Procédé 39. — Combinaison de l'acide vitriolique et de la base du sel marin ou sel de Glauber.

Procédé 40. — Distillation du sel marin par l'intermède de l'acide nitreux. Esprit de sel régalizé.

Procédé 41. — Combinaison de l'acide du sel marin avec l'alkali fixe. Sel fébrifuge de Sylvius.

Procédé 42. — Combinaison de l'acide du sel marin avec l'alkali volatil. Sel ammoniac.

Procédé 43. — Décomposition du sel ammoniac par l'intermède de l'alkali fixe, ou par l'acide vitriolique ou par l'acide nitreux.

Procédé 44. — Décomposition du sel ammoniac par l'intermède de la chaux.

Procédé 45. — Décomposition du borax. Sel sédatif.

Procédé 46. — Méthode de désaler l'eau de la mer et de la rendre potable.

Des Pierres et des Terres.

Tout ce chapitre manquant sans doute par accident dans le manuscrit de Bordeaux, je transcris, d'après une rédaction anonyme du cours de Rouelle conservée à la Bibliothèque Nationale de Paris (1), la liste des questions qui étaient traitées dans le cours.

(1) Fr. n°ˢ 12304 et 12305.

ARTICLE I.

Des Terres et des Pierres calcaires.

Calcination des pierres et des terres calcaires.

Combinaison de la chaux avec l'alkali fixe.

Décomposition du sel ammoniac par la chaux.

Hepar sulphuris de la chaux.

Combinaison de la craie avec le tartre.

Combinaison de la craie avec l'acide du vinaigre.

Combinaison de la craie avec l'acide vitriolique.

Combinaison de la craie avec l'acide nitreux.

Combinaison de la craie avec l'acide du sel marin.

Combinaison des pierres et terres calcaires avec différentes substances par la voie sèche.

Combinaison de la craie avec l'alkali fixe par la fusion.

Combinaison de la craie avec le borax par la fusion.

Combinaison de la craie avec le nitre par la fusion.

Combinaison de la craie avec le sel de Glauber par la fusion.

Combinaison de la craie avec le sel ammoniacal fixe ou sel fusible.

ARTICLE 2.

Du Gypse.

Calcination du gypse.

Combinaison du gypse avec l'alkali fixe.

Combinaison du gypse avec le borax.

Combinaison du gypse avec la craie.

Article 3.

Des Terres et Pierres calcaires.

Analyse de l'argile.

Combinaison de l'argile avec l'alkali fixe.

Combinaison de l'argile avec le borax.

Combinaison de l'argile avec la craie.

Combinaison de l'argile avec le gypse.

Combinaison de l'argile avec la corne de cerf et le gypse.

Article 4.

Des Pierres quartzeuzes.

Combinaison de la pierre quartzeuze avec un excès d'alkali fixe. *Liquor silicius Glauberii.*

Composition du verre.

Composition du verre ordinaire.

Combinaison du sable avec le nitre.

Combinaison du nitre avec le borax.

Crystal d'Angleterre.

Article 5.

Du Spath.

Combinaison du spath avec l'alkali fixe.

Combinaison du spath avec le borax.

Combinaison du spath avec la craie.

ARTICLE 6.

Des Pierres vulgairement appelées apyres.

Du Talc.

Combinaison du talc avec le borax.

De l'Amianthe. Du Glarea.

TOME VII (pages 855-1018.)

DES DEMI-MÉTAUX.

Du Mercure.

Procédé 47. — Mercure précipité *per se* ou pulvérisation du mercure.

Procédé 48. — Combinaison de l'acide nitreux et du mercure.

Procédé 49. — Précipitation du mercure dissous dans l'acide nitreux par les alkalis.

Procédé 50. — Dissoudre le mercure dans l'acide du vinaigre.

Procédé 51. — Combinaison de l'acide vitriolique et du mercure. Turbith minéral.

Procédé 52. — Combinaison de l'acide du sel marin avec le mercure. Faux précipité.

Procédé 53. — Autres combinaisons de l'acide du sel marin et du mercure. Sublimé corrosif.

Procédé 54. — Saturer l'excès d'acide du sublimé corrosif avec de nouveau mercure. Mercure doux. Aquila alba. Panacée mercurielle.

Procédé 55. — Combinaison du souphre et du mercure. Aethiops minéral.

Procédé 56. — Autre combinaison du souphre et du mercure. Cinnabre artificiel.

Procédé 57. — Revivification du cinnabre.

De l'Arsenic.

Procédé 58. — Essai d'une mine d'arsenic.

Procédé 59. — Combinaison de l'acide marin et de l'arsenic. Beurre d'arsenic.

Procédé 60. — Combinaison de l'arsenic avec le souphre et la chaux vive. Foie de souphre arsenical ou encre de sympathie.

Procédé 61. — Réduction de la chaux d'arsenic.

Du Cobalt. — De l'Antimoine.

Procédé 62. — Dégager l'antimoine du souphre auquel il est uni. Régule d'antimoine.

Procédé 63. — Dégager le souphre de l'antimoine par le moyen du fer. Régule martial.

Procédé 64. — Dissolution du foie de souphre chargé de la partie réguline de l'antimoine dans les scories. Teinture d'antimoine.

Procédé 65. — Combinaison du souphre, de l'antimoine et de l'alkali fixe. Foie d'antimoine.

Procédé 66. — Précipitation du souphre du foie d'antimoine. Souphre doré d'antimoine

Procédé 67. — Dissolution de l'antimoine par l'alkali fixe. Kermès minéral.

Procédé 68. — Détonation du nitre avec l'antimoine. Faux foie d'antimoine de Hollandus.

Procédé 69. — Combinaison de l'alkali fixe et de l'antimoine. Régule médicamenteux.

Procédé 70. — Sublimation de l'antimoine par le moyen du sel ammoniac. Neige d'antimoine.

Procédé 71. — Sublimation de l'antimoine par le moyen du sel ammoniac. Fleurs rouges d'antimoine.

Procédé 72. — Calcination de l'antimoine.

Procédé 73. — Verre d'antimoine.

Procédé 74. — Détonation de l'antimoine avec le nitre. Chaux absolue d'antimoine ou antimoine diaphorétique.

Procédé 75. — Réduction de la chaux d'antimoine.

Procédé 76. — Combiner l'acide vitriolique avec le phlogistique de l'antimoine. Souphre artificiel.

Procédé 77. — Combinaison de la partie réguline de l'antimoine avec l'acide du tartre. Tartre stibié.

Procédé 78. — Combinaison de l'acide du sel marin et de l'antimoine. Beurre d'antimoine. Poudre d'algaroth.

Procédé 79. — Combinaison de l'acide nitreux avec l'antimoine. Bezoard minéral.

Du Zinc.

Procédé 80. — Détonation du zinc avec le nitre.

Procédé 81. — Combinaison du zinc et de l'acide du inaigre.

Procédé 82. — Dissolution du zinc dans l'acide nitreux.

Procédé 83. — Dissolution du zinc par l'acide du sel marin.

Procédé 84. — Combinaison du zinc avec le mercure. Amalgame de zinc.

Du Bismuth.

Procédé 85. — Calcination et vitrification du bismuth.

Procédé 86. — Calcination du bismuth par le moyen du nitre.

Procédé 87. — Combinaison du souphre et du bismuth.

Procédé 88. — Dissolution du bismuth dans l'acide nitreux.

Magistère de Bismuth.

Procédé 89. — Amalgame du bismuth et du mercure.

Le chimiste bordelais ajoute quelques observations sur le Nickel.

TOME VIII (pages 1019-1174.)

Des Métaux.

Du Plomb.

Procédé 90. — Essai d'une mine de plomb.

Procédé 91. — Calcination du plomb.

Procédé 92. — Combinaison du plomb et du souphre

Procédé 93. — Calcination du plomb par le moyen du nitre.

Procédé 94. — Vitrification du plomb. Litharge.

Procédé 95. — Vitrification du plomb avec addition. Verre de plomb.

Procédé 96. — Réduction de la chaux de plomb.

Procédé 97. — Dissolution du plomb dans les huiles.

Procédé 98. — Dissolution du plomb dans l'acide du tartre.

Procédé 99. — Dissolution du plomb dans l'acide du vinaigre, Sucre de Saturne. Céruse.

Procédé 100. — Dissolution du plomb par l'acide nitreux.

Procédé 101. — Dissolution du plomb par l'acide vitriolique.

Procédé 102. — Dissolution du plomb par l'acide du sel marin. Plomb corné.

Procédé 103. — Amalgame du plomb et du mercure.

Procédé 104. — Amalgame du plomb, du bismuth et du mercure.

De l'Étain.

Procédé 105. — Calcination de l'étain. Potée.

Procédé 106. — Calcination de l'étain par le moyen du nitre.

Procédé 107. — Vitrification de la chaux d'étain. Email blanc.

Procédé 108. — Réduction de l'étain.

Procédé 109. — Dissolution de l'étain par l'acide nitreux.

Procédé 110. — Dissolution de l'étain par l'eau régale.

Procédé 111. — Dissolution de l'étain par le sel marin. Etain corné. Liqueur fumante de Libavius.

Procédé 112. — Amalgame de l'étain et du mercure.

Du Fer.

Procédé 113. — Combinaison du fer à l'air. Safran de Mars apéritif.

Procédé 114. — Calcination du fer par le broyement à l'eau. Aethiops martial.

Procédé 115. — Calcination du fer au feu du réverbère. Safran de Mars astringent.

Procédé 116. — Calcination du fer par le moyen du souphre.

Procédé 117. — Calcination du fer par le moyen du souphre et de l'eau. Volcan artificiel.

Procédé 118. — Calcination du fer par le moyen du nitre ou détonation du fer avec le nitre.

Procédé 119. — Safran de Mars antimonié de Stahl.

Procédé 120. — Dissolution du fer dans l'acide du tartre. Teinture de Mars. Extrait de Mars apéritif. Tartre chalybé ou boule martiale.

Procédé 121. — Dissolution du fer dans l'acide du vinaigre.

Procédé 122. — Dissolution du fer dans l'acide nitreux.

Procédé 123. — Dissolution du fer dans l'alkali fixe.

Procédé 124. — Dissolution du fer dans l'acide du sel marin.

Procédé 125. — Dissolution du fer dans l'acide vitriolique. Vitriol de Mars.

Procédé 126. — Sublimation du fer par le moyen du sel ammoniac. Fleurs martiales.

Procédé 127. — Précipitation du fer contenu dans le vitriol de Mars. Encre.

Procédé 128. — Bleu de Prusse. Démonstration du fer dans les plantes.

Du Cuivre.

Procédé 129. — Essai d'une mine de cuivre.

Procédé 130. — Calcination du cuivre par lui-même.

Procédé 131. — Calcination du cuivre par le moyen du nitre.

Procédé 132. — Calcination du cuivre par le moyen du souphre. Æs ustum.

Procédé 133. — Dissolution du cuivre dans l'acide du vinaigre. Crystaux de Verdet.

Procédé 134. — Distillation des crystaux de Verdet. Vinaigre radical.

Procédé 135. — Dissolution du cuivre dans l'acide nitreux.

Procédé 136. — Dissolution du cuivre dans l'acide du sel marin.

Procédé 137. — Dissolution du cuivre dans l'acide vitriolique.

Procédé 138. — Dissolution du cuivre dans les alkalis volatils.

Procédé 139. — Amalgame du cuivre et du mercure.

Procédé 140. — Alliage du cuivre et du zinc. Laiton.

Procédé 141. — Alliage du cuivre et de l'arsenic.

TOME IX (pages 1175-1258.)

De l'Argent.

De l'Or.

Procédé 156. — Précipitation de l'or dissous dans l'eau régale par l'étain. Précipité de Cassius.

Procédé 157. — Précipitation de l'or dissous par l'eau régale par le moyen d'une huile essentielle.

Or potable.

Procédé 158. — Dissolution de l'or par le foie de souphre.

Procédé 159. — Amalgame de l'or et du mercure.

Procédé 160. — Calcination de l'or.

L'ouvrage se termine par un chapitre sur l'alchimie dont j'extrais ces lignes bien curieuses à la veille de la restauration qu'allait entreprendre Lavoisier : « L'Alchymie ou la Chymie par excellence ne s'occupe que des transmutations, c'est-à-dire des moyens de convertir les métaux imparfaits en or ou en argent ou de faire ces métaux avec des matériaux différens. Le commun des physiciens doute de la vérité des principes de cette science ; mais ils ne peuvent être juges dans une matière qui leur est complètement inconnue. Les plus savans d'entre les chymistes, ceux-mêmes qui n'ont pas possédé ces principes ne les révoquent pas en doute ; leur témoignage est d'un trop grands poids pour ne pas nous obliger à suspendre notre jugement et nous empêcher de prononcer dans une question si épineuse ».

Cette timidité à l'égard de l'alchimie, tout le XVIII° *siècle la partageait : le lecteur curieux d'apprécier en ces matières la crédulité du grand monde d'alors lira avec plaisir les Mémoires du baron de Gleichen.*

6.

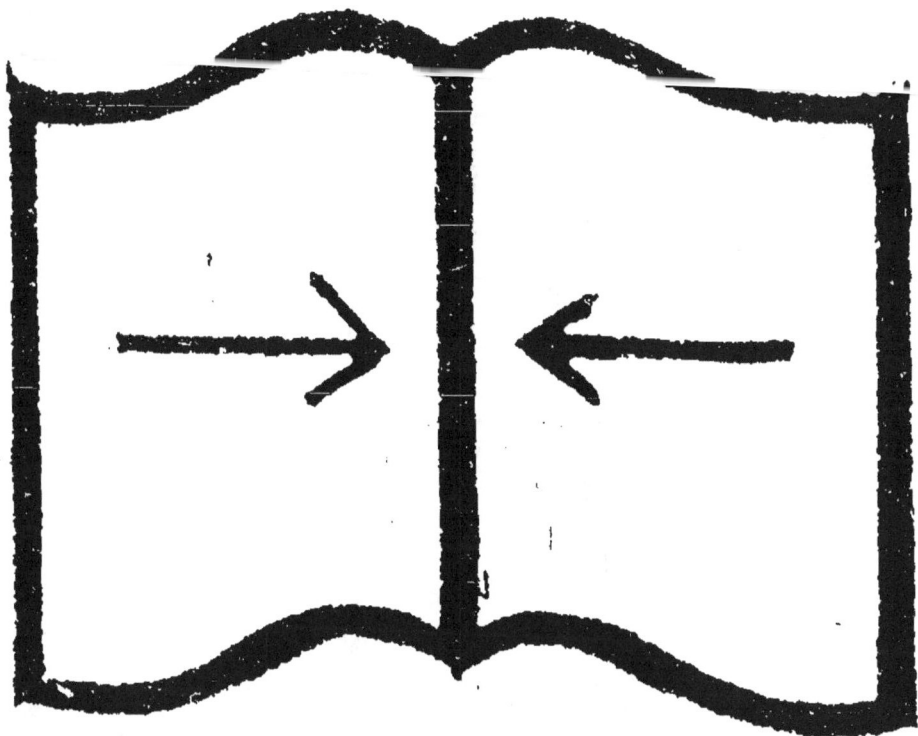

RELIURE SERREE
Absence de marges
intérieures

Table des matières nécessaires pour répéter l'analyse du règne minéral avec la quantité et le prix de chaque substance

Les quatre premières colonnes du tableau publié ci-après se trouvent sous le titre qui précède en tête du manuscrit français 12.303 de la Bibliothèque Nationale : c'est donc un tarif précieux du prix de quelques substances chimiques vers 1758. Le ms. ajoute : « Toutes celles (les substances) dont le prix est marqué se trouveront chez Fournier, épicier, rue Aubry-le-Boucher. » La dernière colonne est établie d'après les chiffres qu'a bien voulu me communiquer M. Ernest Vlasto, ingénieur-directeur de l'ancienne Maison Rousseau, rue des Écoles à Paris.

NOMS DES MATIÈRES	QUANTITÉ à PRENDRE	PRIX de la LIVRE	SOMME totale de chaque matière	NOMS MODERNES
Os fossiles [1].........	1 livre	»	»	
Charbon de terre [2]......	8 livres	»	»	
Jayet ou jais...........	6 onces	6# 0ˢ	2# 5ˢ	
Bitume de Judée........	6 onces	3 »	1.2.6	

	Quantité				
Succin très-beau............	1/2 livre	3 »	1 10		9. »
Succin commun............	4 livres	2. 5	8 10		3. »
Huile de lin cuite..........	2 livres	1	2 »		1.30
Colophane.................	1 livre	» 10	» 10		0.30
Huile ess. de térébenthine.	2 livres	» 12	1. 4		0.30
Pyrites martiales[3].........	8 livres	» »	»		1. »
Sourphe en canons.........	3 livres	» 6	» 18		0.20
Fleurs de souphre.........	6 livres	» 9	2 14		0.22
Huile de vitriol...........	16 livres	1	16 »	Acide sulfurique........	0.15
Vitriol martial...........	12 livres	» 5	3 »	Sulfate de fer..........	0.12
Vitriol bleu..............	2 livres	1. 4	2. 8	Sulfate de cuivre.......	0.50
Vitriol blanc.............	1 livre	» 18	» 18		0.30
Alun.....................	4 livres	» 8	1.12		0.40
Camphre..................	6 onces	»	»		
Nitre raffiné[4]..........	20 livres	7	2.12.6	Salpêtre neige.........	2.45

[1] Ils ne pourront le trouver qu'à Montmartre.

[2] On en prendra chez le forgeron.

[3] Les garçons potiers de terre peuvent seuls en fournir.

[4] On le fera prendre à l'Arsenal dans le tems du besoin.

NOMS DES MATIÈRES	QUANTITÉ à PRENDRE	PRIX de la LIVRE	SOMME totale de chaque matière	NOMS MODERNES	PRIX en 1886
Sel marin [5]	10 livres	2#14	5 #8		0f.75
Sel ammoniac	4 livres	3 »	1.10		0.80
Borax brut	1/2 livre	4 »	16 »		1.10
Borax purifié	4 livres				
Chaux vive [6]	12 livres				
Gypse crystallisé [7]	10 livres				
Spath fusible	1 livre				
Spath vitreux	1 livre	» 15	» 15		0.45
Sel d'Epsom	1 livre				
Argile de Rouen	1/2 livre				
Argile de Bréteuil	1/2 livre				
Argile noire [5]	1/2 livre				
Argile bleue	1/2 livre				
Argile rouge	1/2 livre				
Sable d'Etampes	1/2 livre				
Pierre à fusil calcinée	1 livre				
Quartz pulvérisé	1 livre				

Kaolin de Saint-Hivier[8]	1 livre	—		5.50
Cinnabre	4 livres	5.10	22	4.80
Mercure coulant	6 livres	4.4	24.16	5 »
Sublimé corrosif	4 livres	7 »	28. »	0.30
Arsenic	1 livre	» 8	» 8	
Mine d'arsenic[9]	1 morceau			
— de cobalt[9]	—			
— de plomb[9]	—			
— d'étain[9]	—			
— de cuivre[9]	—			
Saffre	1 livre	3 » »	3 »	5.85

5 On mettra pour cet article la cuisine de Mgr. le Duc à contribution.

6 Elle doit se prendre fraîchement faite et je présume qu'on en trouvera sur le lieu.

7 J'en trouverai à Montmartre en allant chercher des os.

8 Toutes ces substances ne peuvent être fournies par le droguiste n'étant d'ordinaire d'aucun usage économique. Mais M. Rouelle se fera un vrai plaisir d'en céder à Madame la Duchesse la quantité ci-dessus marquée.

9 Nous aurons encore recours au cabinet de M. Rouelle pour ces cinq articles.

NOMS DES MATIÈRES	QUANTITÉ à PRENDRE	PRIX de la LIVRE	SOMME totale de chaque matière	NOMS MODERNES	PRIX en 1886
Emaux............	1 livre	1.#4	1#4	Émaux transp. fusibles	3f »
Antimoine crud...	8 livres	» 9	3.12	Sulfure d'antimoine ..	7.00
Regule d'antimoine...	1 livre	1. 6	1. 6		0.90
Bismuth............	2 livres	1 16	3.12		22.55
Zinc...............	2 livres	1. 2	2. 4		0.50
Plomb............	3 livres	» 6			0.76
Litharge.........	4 livres	» 7			0.40
Blanc de plomb...	1/2 livre	» 12			0.70
Céruse	1/2 livre	» 19			0.65
Sucre de Saturne...	2 livres	2.10	5 »		0.65
Etain d'Angleterre...	2 livres	2.10	5 »		2.50
Limaille de fer...	8 livres	» 6	2. 8		1.50
Verdet en grain...	1 livre	5.10	11 »		1.20
Argent 10........					
Or 10............					
Potasse.........	25 livres	» 12	15 »		0.60
Soude...........	12 livres	» 7	4. 4		0.75

			3.30
Crême de tartre..........	8 livres	» 18	
Esprit de vin [11]..........	10 pintes	4. 4	
Total général.		213#5	

10 M. Rouelle remettra à Madame la Duchesse celui qu'elle lui a laissé entre les mains et qui suffira.

11 Comme il est très-cher à Paris à cause des entrées, on prendra de l'eau de vie à la campagne qui est moins chère et meilleure que celle de Paris et nous en ferons de l'esprit de vin.

TABLE

—

3967. — ABBEVILLE, TYP. ET STÉR. A. RETAUX. — 1887.